Plant growth regulator

植物生长调节剂

◎ 胡永红　杨文革　李宝聚　章泳　欧阳平凯　编著

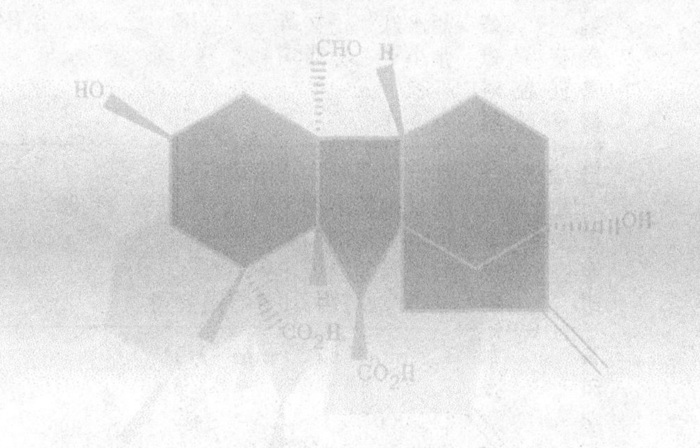

江苏凤凰科学技术出版社
南　京

图书在版编目(CIP)数据

植物生长调节剂 / 胡永红等编著. —南京：江苏凤凰科学技术出版社，2020.12（2023.9 重印）

ISBN 978 - 7 - 5713 - 1304 - 3

Ⅰ.①植… Ⅱ.①胡… Ⅲ.①植物生长调节剂—教材 Ⅳ.①TQ452

中国版本图书馆 CIP 数据核字(2020)第 136895 号

植物生长调节剂

编　　著	胡永红　杨文革　李宝聚　章　泳　欧阳平凯
责任编辑	张小平　韩沛华
责任校对	杜秋宁
责任监制	刘文洋
出版发行	江苏凤凰科学技术出版社
出版社地址	南京市湖南路 1 号 A 楼，邮编：210009
出版社网址	http://www.pspress.cn
照　　排	南京紫藤制版印务中心
印　　刷	江苏凤凰数码印务有限公司
开　　本	718 mm×1 000 mm　1/16
印　　张	7.5
字　　数	110 000
版　　次	2020 年 12 月第 1 版
印　　次	2023 年 9 月第 2 次印刷
标准书号	ISBN　978 - 7 - 5713 - 1304 - 3
定　　价	26.00 元

前言

天然植物激素是植物自身产生的一种化学物质，在植物的生长发育中具有重要的调节作用。它们通过调节和控制植物体内的核酸蛋白以及酶类物质的合成，进而影响植物的生长发育，如细胞伸长、器官分化，以及植物的开花、结果、落叶、休眠等。迄今为止，科学家已经发现在植物体内含有生长素(IAA)、赤霉素(GA)、细胞分裂素(CTK)、乙烯(ETH)和脱落酸(ABA)五大类植物激素。植物生长调节剂具有和天然植物激素相似的功能，是用于调节植物生长和发育的物质。

人们在了解天然植物激素的结构和作用机制后，通过人工合成与植物激素具有类似生理和生物学效应的物质，在农业生产上使用，可以有效调节作物的生育过程，达到稳产增产、改善品质、增强作物抗逆性等目的。

植物生长调节剂可以通过活化植物基因表达，改变细胞壁特性、调节细胞生长以及酶活性、促进或抑制核酸和蛋白质形成、促进细胞伸长、诱导抗病基因表达；也可以促进茎的生长、诱导花芽分化形成、促进坐果的果实肥大、促进愈伤组织生长、促进顶端优势并抑制侧芽生长。植物生长调节剂还可以打破植物休眠、促进发芽、阻止茎的伸长生长、增加呼吸酶和细胞壁分解酶活性。

植物生长调节剂对国家的粮食安全，特别是在主粮生产及经济作物的高产等方面有着独特的作用，是相关研究者的重点研究方向。与传统的农药相比，植物生长调节剂具有成本低、收效快、效益高、省劳力等优势，可应用在植物种子的处理、器官分化、根茎叶的发育和开花坐果等方面，对农业现代化的发展有不可替代的功能和广阔的应用前景。

由于我国地域辽阔，不同地区生态环境存在差异，而且植物生长调节剂的作用复杂，它的施用方法又与制剂的种类、浓度、使用时期、部位、植物种类、长势、气候、水肥条件、生产措施等密切相关，因此产生的效果差异较大。

本书介绍了我国植物生长调节剂的发展概况、应用于不同部位的植物生长调节剂，以及植物生长调节剂的结构与合成、开发和应用、田间示范与推广、施用方法和经济效益，力图反映目前我国植物生长调节剂应用的现状和前景，以期为我国植物生长调节剂的高效、安全应用起到积极的推动作用。

本书稿编写过程中得到了植物生长调节剂领域长期从事科研与实践工作的专家的指导，在此向他们致以崇高的敬意！此外，管珺、荀志金等老师参与了本书的资料整理和校对，对他们的辛勤工作表示衷心感谢！

由于作者专业知识水平有限，书中难免存在不足和疏漏之处，恳请广大读者批评指正。

编著者

南京工业大学

2020 年 9 月

目　录

第一章　绪　论

第二章　应用于不同部位的植物生长调节剂

第三章　赤霉素的结构、合成与代谢调控

第四章　典型植物生长调节剂的结构与合成

第五章 典型植物生长调节剂的开发和应用

第六章 典型植物生长调节剂的田间示范与推广

第七章　植物生长调节剂的施用方法和经济效益

第一章　绪　论

第一节　植物生长调节剂概述

一、植物生长调节剂研究历史

植物生长调节剂(plant growth regulators)是用于调节植物生长和发育的一类农药,包括对植物的生长发育有调节作用的人工合成的化学物质和从生物中提取的天然植物激素。使用植物生长调节剂可以影响和调控植物的生长及发育,包括植物细胞的生长、分裂以及生根、发芽、开花、结实、成熟和脱落等一系列植物生命过程。不同类型的植物生长调节剂作用于不同的作物可分别促进或抑制发芽、生根、花芽分化、开花、结实、落叶。同时,植物生长调节剂还能增强植物抗寒、抗旱、抗盐碱的能力,或有利于收获、贮存等[1]。

植物生长调节剂现已广泛应用于世界各地的农业生产中。已发现具有调控植物生长和发育功能的物质有胺鲜酯(DA-6)、氯吡脲、复硝酚钠、吲哚乙酸(IAA)、赤霉素(GA)、乙烯(ETH)、6-苄氨基嘌呤(6-BA)、脱落酸(ABA)、油菜素内酯、水杨酸、茉莉酸(JA)、多效唑(PP333)和多胺等[2],其中前9类已作为植物生长调节剂被应用在农业生产中。国外已有100多个品种实现商品化生产,我国登记的品种约有40个,登记产品667个,每年使用量1.9万吨,广泛应用于粮食、果蔬、花卉等的生产和储藏。

植物生长调节剂的合成与应用是近代植物生理学与农业的重大进展之一。植物生长调节剂作用面广、应用领域多、效果显著,解决了一些传统农艺手段难以解决的问题,已经在粮食作物、经济作物、园艺作物的生产上有了广泛应用。

植物生长调节剂的应用历史可以追溯到18世纪,当时人们就已经发现把橄榄油滴在无花果树上可以促进无花果的发育,当然我们现在明白该现象的本质是橄榄油在高温下会被分解然后释放出乙烯，乙烯能够影响无花果的发育。20世纪20年代，人们发现烟熏可以促进菠萝开花，后来人们才明白烟中含有的乙烯能够诱导菠萝开花。

20世纪30年代，植物生理学家开始研究IAA对植物顶端优势、插枝生根、形成无籽果实的影响，意味着植物生长调节剂的科学研究和应用的启动；40—50年代，马来酰肼（MH）被用来抑制公路两旁、墓地及公园中杂草的生长；60年代，随着对植物生长调节剂的分类研究以及对IAA、α-萘乙酸（NAA）、GAs等的研发应用越来越多，植物生长调节剂的研究逐渐成熟；60—70年代，矮壮素（Chormequat, Cycocel, CCC）被用以控制小麦生长高度而不影响籽粒大小和小麦品质；80年代初，美国的棉花脱落剂成为当时销售量最大的单一植物生长调节剂，其次是主要用于马来西亚和东南亚等地区橡胶割胶以及热带地区甘蔗的催熟的乙烯利；90年代，能有效控制作物顶端生长优势和促进侧芽（分蘖）滋生的多效唑（PP333）被广泛应用于中国的果树、水稻种植及园艺等方面，同时也用于油菜壮秧以提高油菜秧苗的抗寒能力等，年应用面积超过667×10^4 hm^2。直至今日数百种植物生长调节剂被人工合成和应用，标志着植物生长调节剂工业时代开始兴起。

我国作为农业大国，最早在1958年开始使用植物生长调节剂，虽然农作物化控技术起步较晚，但发展速度惊人。20世纪80年代，我国对PP333的研发和应用获得了突破性的发展。1991—1995年，即“八五”时期，国家科学技术委员会就将“多效唑培育水稻壮秧和油菜壮苗技术”列为国家级重点推广应用项目，同时农业部（现农业农村部）也将此项技术列为1991年的“丰收计划”。这些科研成果推动了我国农业生产的发展，也掀起了国内对植物生长调节剂的研究与应用的热潮。

二、植物生长调节剂分类及应用

目前，市场上的植物生长调节剂品类繁多，根据其来源不同，可分为天然和人工合成的两类；根据其生理功能的不同，可分为植物生长促进剂、乙烯类、植物生长抑制剂和植物生长延缓剂等。

1. 植物生长促进剂

植物生长促进剂一般具有促进细胞分裂、分化、伸长，促进植物器官生长和发育等功能。主要包括生长素类、赤霉素类和细胞分裂素类3类。

(1) 生长素类

生长素类(图 1 - 1)植物生长调节剂是在农业上最先被广泛应用的一种调节剂。它的关键生理作用主要是促进植物器官发育、促进坐果、诱导花芽分化和避免器官脱落。在园艺生产上主要用于扦插生根、促进结实、掌控性别分化、避免落花落果、调整枝条角度等[3]。

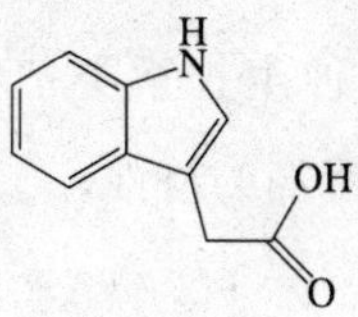

吲哚乙酸 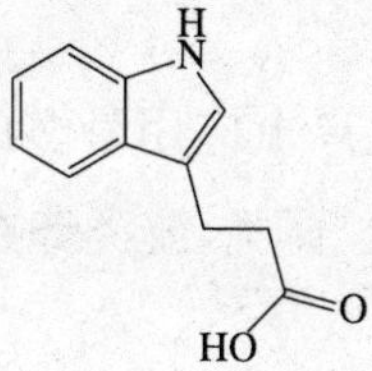　　吲哚丙酸 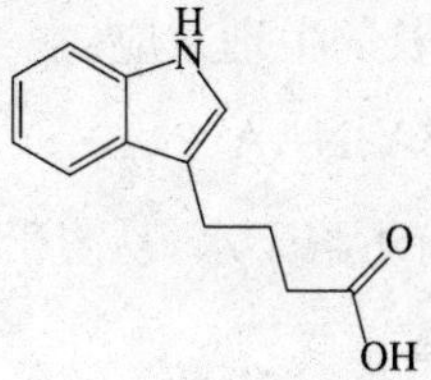　　吲哚丁酸

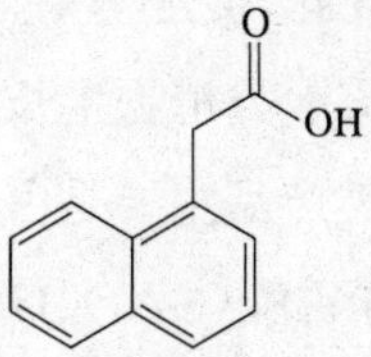

α-萘乙酸 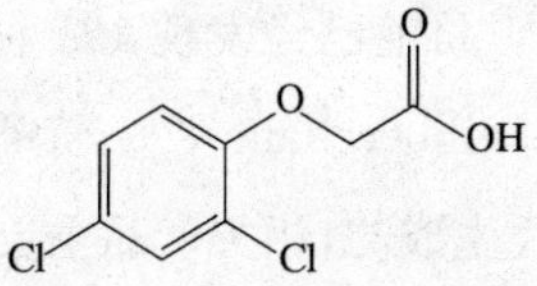　　2，4-二氯苯氧乙酸 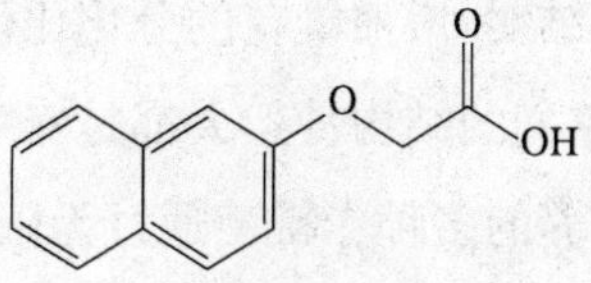　　萘氧乙酸

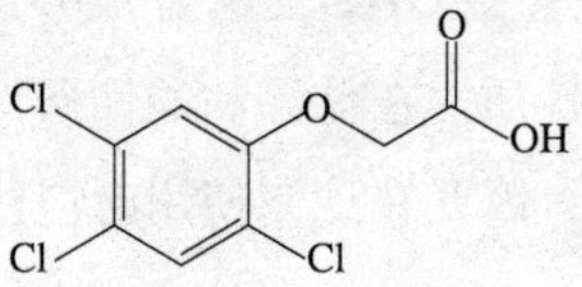

2，4，5-三氯苯氧乙酸 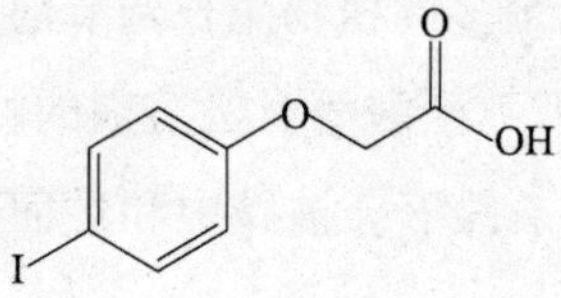　　4-碘苯氧乙酸 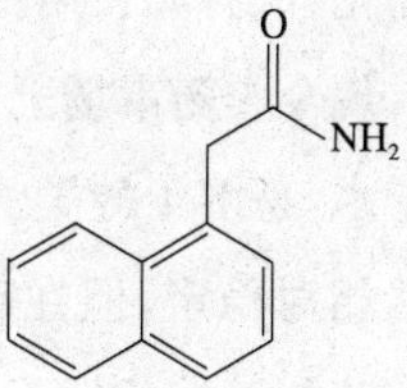　　萘乙酰胺

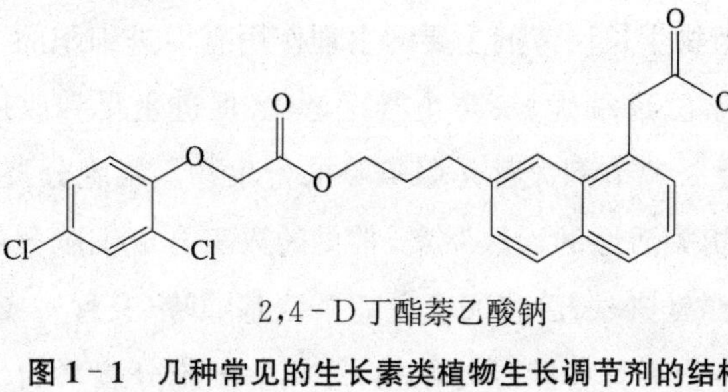

2,4-D丁酯萘乙酸钠

图 1 - 1　几种常见的生长素类植物生长调节剂的结构式

同 IAA 一样，吲哚丙酸（IPA）和吲哚丁酸（IBA）也是具有生理活性的生长素类植物激素，它们的结构中都包含吲哚环，但侧链长度不同。后来科学家又发现了几种没有吲哚环但具备与 IAA 相同生理活性的物质，首先是一种具有萘环的化合物，如 α-萘乙酸（NAA）；其次是一种具有苯环的化合物，如 2,4-二氯苯氧乙酸（2,4-D）；另外，萘氧乙酸（NOA）、2,4,5-三氯苯氧乙酸（2,4,5-T）、4-碘苯氧乙酸（商品名增产灵）及其衍生物（如萘乙酰胺、2,4-D 丁酯、萘乙酸钠等）等都有促进植物生长的生理效应。

目前 IBA、NAA、2,4-D 是生产上应用最多的 3 种生长素类植物生长调节剂，它们具有不溶于水，易溶于醇类、酮类、醚类等有机溶剂的特性。

(2) 赤霉素类

赤霉素类植物生长调节剂最关键的生理作用是促使细胞的伸长、避免离层的产生、解除鳞茎和块茎等器官的休眠，同时还能够诱导植物开花、促进坐果、促进单性结实、增加雄花的分化比例等。目前已经发现 121 种赤霉素类植物生长调节剂，它们的结构骨架大都是赤霉烷（gibberellane）[4]。赤霉素类产品主要是由大规模培养的多种赤霉菌通过无限世代生成的，相关产品主要是赤霉酸（GA_3）、GA_4 和 GA_7 的混合物。另外还有些不具备赤霉素的基本骨架但是具有赤霉素的生理活性的化合物，如长蠕孢醇、贝壳杉酸等[5]。

现今农药市场上供给最多的植物生长调节剂类农药是 GA_3，又称为 920，具难溶于水，易溶于醇类、丙酮、冰醋酸等有机溶剂的物理性质。在低温和酸性条件下性状相对稳定，但在碱性条件下会被碱中和进而失活，因此在配制使用时应注意预防其在碱性条件下失活。

(3) 细胞分裂素类

细胞分裂素类植物生长调节剂主要的生理作用有促进细胞的分裂、诱导芽分化、促进侧芽生长、解除顶端优势、防止器官老化、促进坐果和改进果实品质等。细胞分裂素类植物生长调节剂大都是腺嘌呤的衍生物。细胞分裂素（CTK）是植物体内发现的具有相关活性的天然激素，常见的人工合成细胞分裂素类有 6-苄氨基嘌呤（6-BA）、激动素（KT）和四氢吡喃苄氨基嘌呤（又称多氯苯甲酸，PBA）等[6]。另外有些化合物不具备腺嘌呤结构，却具备细胞分裂素的生理特性，如二苯基脲（diphenylurea）等。

在园艺生产上 KT 和 6 - BA 应用最广泛，使用时可以先用少量酒精溶解，之后用水稀释。因为 KT 在酸性溶液中结构容易被破坏，所以在配制时必须添加少量的碱性物质。

2. 乙烯类

乙烯类植物生长调节剂在生产上的主要作用是促进植物开花和雌花的分化、催熟果实、促进脱落、促进分泌次生物质等[7]。乙烯(ETH)在常温下基本呈气态，因此不方便使用。常用的乙烯类植物生长调节剂是乙烯发生剂和乙烯抑制剂。乙烯发生剂包括乙烯利(CEPA)、乙烯硅(Alsol)、CGA - 15281、1 -氨基环丙烷-1 - 1羧酸(ACC)及环己亚胺等。植物在吸收、分解乙烯发生剂后，体内会释放出乙烯。CEPA 是生产上应用最多的一种乙烯类植物生长调节剂，是一种强酸性化学物质，会腐蚀皮肤、金属容器等，尤其是在接触到碱性物质时容易形成易燃气体，所以在使用时必须谨慎。而乙烯抑制剂具有避免乙烯的产生或作用的效用，包括如氨基乙氧基乙烯基甘氨酸(AVG)、氨基氧乙酸(AOA)、硫代硫酸银(STS)、硝酸银(又称银硝)等，具有可以减少果实的脱落，抑制果实后熟，果蔬保鲜等作用。

3. 生长抑制剂和生长延缓剂

生长抑制剂是一种控制植物顶部的分生组织分裂、伸长的植物生长调节剂，具有减缓细胞分裂和控制细胞伸长、分化的作用。同时还能促使植物的侧枝发生分化，解除顶端优势，产生更多的侧枝，使植株整个性状发生明显的改变[8]。另外，有些生长抑制剂会影响叶片的生长，进而影响生殖器官的生长。最常见的生长抑制剂有三碘苯甲酸(TIBA)、整形素(morphactin)、青鲜素(MH)等。

生长延缓剂是一种控制植物亚顶端的分生组织分裂、伸长的植物生长调节剂，能够减小植物节间的长度、控制植株伸长、使植株形态紧凑等，然而不会对顶端分生组织细胞的分裂、伸长以及叶片、花的发育[9]产生影响。最常见的生长延缓剂有矮壮素(CCC)、助壮素(Pix)、多效唑(PP333)、烯效唑(S - 3307)、比久(B9)等。

第二节　植物生长调节剂市场现状和发展前景

一、植物生长调节剂市场现状

与传统农药相比，植物生长调节剂作用面广、应用领域广泛，在较低浓度下就可以调节植物生长、发育的整个过程[10]。因此，植物生长调节剂已经可以作为现代化农业实现增产、增收的主要措施之一。此外，还可以通过使用植物生长调节剂来解决一些在栽培技术上出现的难题，例如，打破种子休眠、增强植株抗性、促使植株开花、增加相关作物的产量等[11,12]。

现今市场中应用最广泛的植物生长调节剂主要有两种，一种是植物生长促进型调节剂，另一种是植物生长抑制型调节剂。在植物生长促进型调节剂方面，市场比重较大的制剂品种主要有芸薹素内酯、己酸二乙胺基乙醇酯（又称胺鲜酯）、复硝酚钠等；另外还有一些产品具有较大的市场潜力，例如，广州江门农药厂的“天丰素”、云南云大科技股份有限公司的“云大”、成都新朝阳作物科学股份有限公司的“硕丰”、广东植物龙生物技术股份有限公司的“植物龙”、福建浩伦农业科技集团有限公司的“真多安”等。在植物生长抑制型调节剂方面，市场销售量较大的制剂品种主要有多效唑（PP333）、烯效唑（S－3307）、矮壮素（CCC）、乙烯利（CE-PA）等。市场中对植物生长抑制剂开发推广比较成功的企业有福建浩伦农业科技集团有限公司、四川国光农化股份有限公司、郑州农达生化制品有限公司、四川兰月科技有限公司、安阳全丰生物科技有限公司、江苏七洲绿色化工股份有限公司、河南郑氏化工有限公司等。

从目前市场产品总体来看，创新型和研发型制剂产品很少，仿制型以及重复性产品占大部分。此外，另一种产品“叶面肥”同调节剂在产品说明上基本一致，由于大多数经销商和农民对植物生长调节剂的理解和认识还不够，有些无良企业为牟取利益，在产品上弄虚作假，将“叶面肥”和植物生长调节剂混淆，导致市场上以肥代药的现象极为严重，超过95％的叶面肥和冲施肥都有复配调节剂，滥竽充数、价格差异大，最后造成农资市场的杂乱。商户和农民没有获得实惠的商品，正规的企业在市场中也难以得到发展。

二、植物生长调节剂发展前景

随着我国人口逐年增加，粮食需求总量也在逐年上升。然而我国耕地面积却在逐年减少，目前主要靠提高复种指数来获得高产。因此，在播种面积无法扩大的情况下，需要增加单位面积上农作物的产量来满足我国现今不断增长的粮食需求。现在农业生产上被广泛应用的农药比如杀虫剂、除草剂还有杀菌剂，都仅能达到保产的效果，而植物生长调节剂不仅对作物具有调节效果，还具备良好的提高产量的作用。植物生长调节剂在农业生产中作为一项日益成熟且发展迅速的产业，将在现代农业的发展中产生更大的价值。

植物生长调节剂除了在农业领域单独使用之外，还有其他的应用价值，例如：① 植物生长调节剂可以与杀菌剂混合使用，制备好的混合剂有控制植物生长发育和杀病虫害的作用。② 现在研发天然植物生长调节剂很热门，从天然植物和海洋资源中提取出天然植物生长调节剂，对于发展绿色食品、实现农业的可持续发展具有重大意义。③ 植物生长调节剂的复配产品也将进一步发展。由于每一种植物生长调节剂往往只具有单一作用，从某些程度上来说，距离我们想要的最终结果还有一定差距。而复配后的植物生长调节剂作用全面，且可以在用量更少的条件下实现优质高产。现阶段这一类复配产品在市场中已占据一席之地，例如赤霉素-芸薹素内酯、赤霉素-生长素-细胞分裂素（碧护）、乙烯利-胺鲜酯（玉黄金）、赤霉素-吲哚乙酸等，复配剂的研发使植物生长调节剂具有多效性、高效性以及更加广阔的发展前景[13]。④ 专业性和功能性强的植物生长调节剂也将有十分不错的发展前景。所谓专业性、功能性植物生长调节剂是指针对某个专项所研制和制备的植物生长调节剂，比如福建浩伦玉米专用调节剂、人参膨大剂、杨树速长剂，四川国光鲜花保鲜生长剂、茶叶催芽剂等功能性植物生长调节剂等。尽管这一类型产品仍处在起步阶段，但依然具有广阔的市场前景。这类植物生长调节剂不仅仅是简单的复配和任意混合，它具有很高的科技含量，效果更佳。

植物生长调节剂市场也逐渐发生了两极分化。新型植物生长调节剂因其科技含量高会表现出旺盛的生命力，在市场中迅速发展；与之相对的，老产品和假冒伪劣产品将被新型产品取代，最终被市场淘汰。与当初农药产品的发展情况类似，一些企业由于有代表产品将会在市场中快速发展起来，而另一些以简单复配跟进产品的企业将渐渐被市场淘汰。同农药产品相比，我国植物生长调节剂在农业领域的研究和应用还没有得到足够重视和广泛推广，仍然需要加大研究及推广力度。植物生长调节剂的开发应用是发展优良高效农业的一个重要突破点，也是一个非常具有发展潜力的行业。

人们可以通过大面积推广和应用植物生长调节剂并按照自己的意愿来有效地调节农作物的生长发育，最大限度地提高作物对不良环境的抵抗能力，增加农作物的产量和品质，减轻劳动强度等[14]。另外，从使用量、生理活性、安全性、收益性、环境相容性等方面分析，植物生长调节剂同其他农药相比具有较大的优势。

与国际市场相比，我国植物生长调节剂占有的市场份额偏低，同时植物生长调节剂产业的规模化程度也很低，市场有待发展，开发空间极大。近几年来，对调节植物生长信号因子的研究已成为目前科技界的热门方向。同时，随着市场需求越来越大，相信将来植物生长调节剂对农业的贡献会进一步被人们熟知，并被广泛应用，其生产作用和市场前景是不可估量的。

第三节　典型植物生长调节剂简介

一、赤霉素

赤霉素类(gibberellins, GAs)是一类能促进植物生长，具有赤霉素烷环结构的植物激素，以游离型和结合型两种形式存在。一般植物体内至少有两种或两种以上的赤霉素，不同的赤霉素之间可以相互转换。叶、芽、根以及未成熟种子的幼嫩组织是赤霉素的主要合成部位。

作为植物生长调节剂的赤霉素有以下作用：

a. 促进种子萌发。赤霉素能有效地打破种子和块茎的休眠，促进发芽。用0.5～1.0 mg/kg 赤霉素溶液处理马铃薯，可以打破其休眠，此方法适用于马铃薯的二季栽培。有些需要低温才能萌发的种子(如桃、榛)或需要红光照射才能发芽的种子(如某些莴苣品种)，用赤霉素处理可以代替低温或光照条件，促进种子萌发。赤霉素还可以用于酿造工业，用赤霉素处理不发芽大麦，能促进 α-淀粉酶的活性，此举可以在节约粮食的同时，增加啤酒产量。

b. 加速生长，增加产量。GA_3 能有效地促进植株茎秆生长及增大叶面积，从而提高产量。例如，用 20% GA_3 喷洒甘蔗，可促进甘蔗秆伸长，增加蔗糖产量。菠菜、芹菜、青菜等蔬菜经 2%～4% GA_3 喷洒可使菜叶增大，菜梗肥嫩。

c. 促进开花。植物开花需要低温诱导或者一定的光照条件，GA_3 能够替代这些条件。如茶花、三色堇、杜鹃花、紫罗兰等植物开花需要经过低温诱导，10% GA_3 处理就能在非诱导条件下促进开花；还有大多数长日性观赏植物，如天竺葵、大丽菊、石竹、仙客来等，1%～10% GA_3 喷洒即可代替所需的长日条件，促进开花。

d. 增加果实产量。葡萄、苹果、梨、枣等作物在幼果期用 1%～3% GA_3 喷洒，可提高坐果率。

二、氨基寡糖素

氨基寡糖素，也称为农业专用氨基寡糖素，含有丰富的碳(C)、氮(N)元素，被微生物分解利用后还可作为植物生长的养分，是依据植物的生长需要，利用独特的生物技术研制而成的，有固态和液态两种类型产品。

氨基寡糖素在农业应用方面有下列作用：一是改变土壤中微生物区系，促进有益微生物的生长，同时还能抑制部分植物病原菌。二是刺激植物生长发育，使农作物和水果蔬菜产量增加；能够诱导植物的抗病性，植物免疫力对小麦花叶病、番茄疫病、水稻稻瘟病、棉花黄萎病等病害都有很好的防治效果。三是对多种植物病原菌有一定的直接抑制作用。另外，氨基寡糖素还具有微量(PPM 级)、高效率、低成本、无公害等优点，氨基寡糖素杀菌农药在我国已经进行了大面积的农业应用和市场推广，对我国发展可持续性农业具有极其重要的意义。

三、细胞分裂素类

细胞分裂素类是一种在植物根尖合成，向茎尖转运的一种重要激素。它们大多数都是嘌呤族衍生物，具有非常独特的生物学活性，这些作用包括：促进细胞分裂与伸长(与生长素作用机制不同)，使茎增殖，抑制伸长；诱导芽的分化，促进侧芽的生长；在根尖合成向上运输，拮抗生长素的生根作用和顶端优势作用；抑制衰老植株，可去除老化木栓质。

常用的细胞分裂素有玉米素(ZT)、激动素(KT)、6 -苄氨基嘌呤(6 - BA)、氯苯甲酸等。细胞分裂素需要使用乙醇或者酸溶液溶解配制，常用 0.1 mol/L 的盐酸配制成 0.1%的母液储备。例如，可以使用 10 mg/kg 的 6-苄氨基嘌呤溶液喷施生长点及其周围，连续不超过 3 次；或者直接用 500～1 000 mg/kg 溶液滴入生长点，群生促进效果更好，但是会在一定程度损伤生长点；去除老化斑，常用 10～50 mg/kg 涂抹老化斑若干次；作为日常喷施，一般使用 1～10 mg/kg 加入水中喷施植物表面，可以延缓衰老提高品质，同时在一定程度上可以促进开花。

细胞分裂素类植物生长调节剂常用于促进细胞分裂和器官分化，果实肥大，促进叶绿素合成，防止衰老，打破顶端优势，诱导单性结实，促进着果等。

四、脱落酸

脱落酸(ABA)，别名脱落素(abscisin)、休眠素(dormin)，是一种抑制生长的植物激素，因能促使叶子脱落而得名。脱落素Ⅱ和休眠素在 1965 年被证实是同一种物质，并统一被命名为脱落酸。脱落酸是一种能够引起植物的芽休眠、叶子脱落以及抑制细胞生长发育等生理作用的植物激素，广泛分布于高等植物。

脱落酸是植物五大天然生长调节剂之一。当前已经实现通过灰葡萄孢霉菌工业发酵生产天然脱落酸。而且由此制备的脱落酸纯度和生物活性较高，未来可大规模应用于农业生产。脱落酸可通过氧化作用和结合作用被细胞代谢分解。同时脱落酸还可以刺激乙烯的产生，从而抑制 DNA 的复制和蛋白质的合成，即抑制细胞的分裂，催促果实成熟。

脱落酸还可以诱导短日照植物在长日照条件下开花，例如，北京奥运会期间，北京全市的百万盆鲜花，均通过施加脱落酸，以保证鲜花盛开的状态。

五、海藻寡糖素

海藻寡糖素是一种从海洋植物——海藻(algaes)中分离提取出的新型植物生长调节剂。海藻是一种无胚、无维管束、叶状体的孢子类植物，体型从几毫米至几十米不等，有丝状体、叶状体、囊状体和皮壳状体等形态，种类极多。

海藻寡糖素中含有多种矿质元素、螯合金属离子以及海洋生物活性物质，如细胞激动素、海藻多糖等，有促使植物细胞分裂加速、促进植物生长、加快植物新陈代谢、增强植物抗逆性(如抗干旱)、促进植物开花等特点。其中，目前应用最多也最为重要的是藻红素和藻蓝素，其辅基是由吡咯环所组成的链。藻红素主要吸收绿光，藻蓝素主要吸收橙黄光，之后将吸收的光能传递给叶绿素并作用于光合作用，这一发现对治理和改善绿化植物的黄化具有重要意义。此外，海藻寡糖素还具有改善土壤结构、水溶液乳化性、降低液体表面张力等优点，与多种药、肥混用后能提高其展布性、黏着性和内吸性以增强药效、肥效。在植保方面，直接单用还具有抑制有害病菌、缓解病虫害的作用，若复配其他制剂可提高制剂防治效果。

参考文献：

[1] 夏雨，牛建群，蒋川.科学认识植物生长调节剂(一)[J].农业知识：致富与农资，2017(10)：41—42.

[2] 农药市场信息编辑部.2019 年登记的植物生长调节剂明星产品[J].农药市场信息，2019(19)：37.

[3] 吕剑，喻景权.植物生长素的作用机制[J].植物生理学报，2004，40(5)：624—628.

[4] 李仕科.植物生长调节剂的应用效果[J].新农业，2017(13)：13.

[5] 裴海荣，李伟，张蕾，等.植物生长调节剂的研究与应用[J].山东农业科学，2015(7)：142—146.

[6] 周蕾，魏琦超，高峰.细胞分裂素在果实及种子发育中的作用[J].植物生理学报，2006，42(3)：549—553.

[7] 王永章，张大鹏.乙烯对成熟期新红星苹果果实碳水化合物代谢的调控[J].园艺学报，2000，27(6)：391—395.

[8] 张丽华，马瑞昆，姚艳荣，等.植物生长抑制剂对冬小麦茎秆特性、物质转运及产量的影响[J].中国农学通报，2008，24(10)：146—149.

[9] 潘瑞炽.植物生长延缓剂的生化效应[J].植物生理学报，1996(3)：161—168.

[10] 何含杰，施和平.6-苄氨基腺嘌呤和萘乙酸对三裂叶野葛毛状根生长和异黄酮含量的影响[J].生物工程学报，2014(10)：1573—1585.

[11] 翟宇瑶，郭宝林，程明.植物生长延缓剂在药用植物栽培中的应用[J].中国中药杂志，2013(17)：2739—2744.

[12] 张旺凡.不同植物生长调节剂打破多花黄精种子休眠试验[J].中医药学报，2008(6)：43—44.

[13]李明森.赤霉素发酵及提取工艺的研究[D].济南：山东轻工业学院，2012.

[14]曹庆军，杨粉团，王一鸣，等.植物生长调节剂及其在大田作物上的应用分析[J].吉林农业科学，2015，40(5)：26—30.

第二章　应用于不同部位的植物生长调节剂

第一节　应用于种子的植物生长调节剂

一、常见的种子植物生长调节剂

现今，人们通常将赤霉素（GA）、细胞分裂素（CTK）、吲哚乙酸（IAA）、萘乙酸（NAA）、2,4-二氯苯氧乙酸（2,4-D）、乙烯利、6-苄氨基嘌呤（6-BA）、激动素（KT）及多效唑（PP333）等用于种子的处理中。王风宝等通过研究发现，用叶酸（FA）浸种也可以有效地增强玉米后期抗早衰的能力[1]。

赤霉素在植物调节方面应用广泛，它能促进植物各个阶段的生长发育，有极大的生物利用价值。赤霉素在化学结构上属于二萜类酸，由四环骨架衍生而得。赤霉素种类繁多，目前已发现至少有38种。赤霉素应用于农业生产时，可刺激叶和芽的生长，提高产量。以甜杏仁、苦杏仁和天山野生杏的种子为例，赤霉素处理其种子后，种子中的淀粉含量会发生明显变化，同时可溶性糖含量以及淀粉酶活性等生理指标也会产生变化。天山野杏的种子经过赤霉素浸泡后，发芽率有显著提高，这种方法用在甜杏仁中效果更好。种子吸水之后子叶中可溶性糖含量增高，其中苦杏仁的增幅大于甜杏仁，萌发之后，2种杏仁可溶性糖含量均迅速下降。野杏干的种子有较高的α-淀粉酶和β-淀粉酶活性，α-淀粉酶在未萌发种子比在萌发种子中有低活性。种子里的α-淀粉酶的活性和可溶性糖含量成反比，这表明α-淀粉酶的活性在一定程度上受到可溶性糖的反馈抑制。种子内含有β-淀粉酶，并且种子在发芽前不受高浓度可溶性糖的抑制。在种子发芽后，种子内的β-淀粉酶活性由高变低。这些都说明野杏种子在β-淀粉酶具有较高活性的条件下能够结束休眠状态[2]。

种子的特点之一是休眠，并且其休眠状态很难甚至无法被打破。一般情况下，当环境温度在25～30 ℃时，6～7天后才有少数种子发芽，并且发芽的状态极不整齐。如果在较湿润、较封闭的条件下对已经打破休眠状态的种子进行催芽，不仅种子的发芽速度变得缓慢，而且发芽率也变得非常低。目前生产中的研究方向是如何提高种子的发芽率，缩短种子的发芽时间。虽然用改变温度和水合-脱水处理的方式能够使种子的发芽率提高，但处理过程过于繁杂，实际操作起来不方便，无法在实际的生产过程中得到广泛应用。司亚平等的研究表明茄种子经过赤霉素溶液处理后发芽率提高[3]。赤霉素溶液的浓度、接受处理的时间和贮存时间等因素也对茄种子的发芽率有明显影响。

茄种子经过不同浓度的赤霉素溶液处理后，发芽率明显提高。赤霉素溶液的浓度越高，茄种子的发芽率、发芽趋势和萌发系数也越高。已有研究表明，用浓度为600 mg/L的赤霉素溶液浸泡种子后，种子的发芽率、发芽趋势和萌发系数都有较大提高，达到最佳发芽率[4]。按上述浓度的赤霉素溶液浸种处理，处理时间由48小时开始，依次减半至6小时，6天左右茄种子的发芽率均至少达到50%。发芽率与处理时间也呈正相关，即赤霉素溶液的处理效果随处理时间的增加而加强。但是赤霉素溶液的处理会改变种子的外观，作为种子销售时，需要综合考虑，选择适当的处理时间和处理浓度。

我们将种子萌发定义为两个阶段。第一个为刚开始萌发时的无法逆向阶段，第二个为种子的细胞开始伸长和生长的阶段。茄种子的休眠很大程度上受到种子的种皮和种子中含有的激素的影响。种子经过赤霉素干湿处理后具有以下几点优异性能：一是种皮的通透性增加；二是种子中酶的活性被激活；三是保证种子在萌发阶段不受不良因素影响；四是贮存温度可以为室温，种子诱发的活力不会再降低。

二、植物生长调节剂对种子的处理方法

一般，植物生长调节剂通过两种实用方法来处理种子：一种是浸种或拌种，另一种是活性吸附复配种子包衣。在蔬菜种、水稻种等农作物种子方面都会先使用浸种处理，然后再播种。在使用水溶性强的生长调节剂时，水浸种方法虽然应用普遍，但是会有很大的缺陷：因为有的种子的种皮经过上述方式处理后会变软甚至脱皮，机器播种就会变得十分不方便。同时很多生长调节剂的水溶性非常差，

不适用于水调节，故人们开始将这种水溶性差的调节剂放入乙醇、聚乙二醇、丙酮等有机溶剂中进行溶解。这种方式在用生物活性物质浸润种子或掺入种子操作中得到广泛使用。步骤是在干燥的种子中加入已经溶于有机溶剂的植物生长调节剂，将其搅拌均匀。如在 PEG 引发的过程中加入 GA 可以代替光照来加速莴苣和芹菜种子的发芽并打破休眠。丙酮、乙醇等作为溶剂，也能起到很好的效果，Perrson 等将 47 种植物种子分别用含乙烯利、KT 或 GA 的 1 mmol/L 丙酮溶液浸种或者用 3 者的混合丙酮溶液处理，分别在 10 ℃和 40 ℃条件下进行发芽实验。分析发现经过浸种的 47 种植物种子中有 31 个品种发芽时间显著缩短，发芽率和对逆境的抗性增加，一些品种的休眠被打破[5]。

种子在处理过程中需要使用的植物生长调节剂的量很少，这导致实际的处理结果无法在可控范围内。人们通过在混合物中加入介质作为活性粉剂（营养物质、杀虫剂、杀菌剂及甜菜种子丸化所应用的木粉、滑石粉等），使添加在种子里的植物生长调节剂能够均匀处理种子。在使用水溶性差的植物生长调节剂时，一般先将调节剂放入少量的有机溶剂中进行溶解，接着将其撒在一定量的活性粉剂中搅拌均匀，使活性粉剂被植物生长调节剂较均匀地吸附。在使用易溶于水、需求量大的调节剂时，不需要溶于有机溶剂，直接与活性粉剂进行制剂复配。活性粉剂的加入既可以保证整体的均匀度，还能增加植物生长调节剂的使用效果。除此之外，种衣剂的应用为植物生长调节剂的利用开辟了一条新途径。种衣剂是以成膜物为载体的制剂复配，与种子一起处理后能牢固吸附在种子表面，遇水自然成膜，形成有节奏的活性成分释放体系。生长延缓剂以种衣剂为介质进行种子处理后，副作用弱，活性成分还可以增加作用（在植物生长调节剂的包衣过程中，部分种衣剂渗透进入组织；在种子播种吸水后，另一部分的种衣剂溶解后，随水分进入组织或随水分流失进入种子中）。Veronica 的研究表明，在种衣剂中加入 ETH 能加速打破种子的休眠状态，缩短莴苣和芹菜种子的发芽时间[6]。

三、植物生长调节剂对种子的作用

植物生长调节剂对种子的主要作用有 3 种：① 打破种子的休眠状态。② 缩短种子的萌发时间。③ 增强种子在后期阶段的抗逆性能。

种子休眠是为了适应环境和季节变化的一种生理现象，尽管这种现象是正常的，但是在实际生产中一旦无法打破种子的休眠状态，种子的发芽率会降低甚至第二年才发芽，会直接导致产量剧烈下降。对需要低温度、足够光照或成熟晚的种子来说，使用外源生长调节剂的作用十分显著。具有代表性的外源生长调节剂有 GAs 和 6-BA，关于它们打破种子休眠的报道也很多。它们的主要作用是代替低温层积处理打破种子休眠，6-BA 还可以阻碍化学抑制物质对种子萌发的抑制作用，比如 6-BA 可以阻碍脱落酸对种子萌发的抑制。Nasir 将带有内果皮的扁桃种子分别层积 0、30、45、60、75 天，再在不同浓度的 GA_3 溶液中浸泡 24 小时，结果萌发率最好的是先经层积处理 75 天后再用 200 mmol/L GA_3 处理的种子[7]。樱桃种子采收后立即浸于 GA_3 中 24 小时，可使后熟期缩短 2～3 月。在中国樱桃胚培养基中加入 6-BA，可代替低温层积处理而打破种胚休眠，萌发率甚至高达 100%。

许多内源的植物激素可以调节种子的萌发，例如在萌发过程时产生的内源性 CTK，可以运送到子叶，促进 GA_3 所诱导的对子叶内储存物质的水解。此外，许多外源生长调节剂也能促进种子萌发，其中用 GA_3 等对种子进行处理可以提高种子中 α-淀粉酶、异柠檬酸裂解酶以及乙醛酸循环酶的活性，可以促进禾本科植物种子胚轴和胚乳中的新陈代谢，加速胚乳或子叶中储备物质的降解和胚轴结构物质的合成。张福平等用 GA_3、IAA、IBA 及 6-BA 处理紫罗勒种子，结果显示：4 种生长调节剂均可提高紫罗勒种子的发芽率、发芽势和活力指数[8]。王广印等采用丙酮溶液渗入法将浓度为 20 mg/L 的 GA_3 带入无籽西瓜种子内，对种子活力影响明显[9]。谷丹等研究发现 GA_3 和 6-BA 可以提高柠条种子的发芽率、发芽势、发芽指数，显著促进柠条的幼苗生长，提高过氧化物酶活性和活力指数[10]。

NAA 是一种广谱性的植物生长调节剂，可促进植物的新陈代谢和光合作用，提高萌发种子中过氧化物酶和过氧化氢酶的活性，改善细胞膜的完整性。NAA 溶液浸种能明显提高水稻种子的萌发率和活力指数，但其中存在一个最适浓度，在低于最适浓度时，这种促进作用随浓度的增加而增强；在高于这一浓度时，促进作用随浓度的增加而减弱。使用 GAs 和 NAA 处理虽然能够提高种子发芽率，但被处理种子的胚根和胚轴容易变短，导致幼苗生长细弱，不便在生产上大规模推广。金忠民等分别采用不同浓度的 GAs、IAA、NAA 和 2,4-D 处理亚麻种子，结果显示，GAs、NAA 可以提高亚麻种子活力，IAA 无明显作用，而 2,4-D 可以显著降低亚麻种子活力[11]。此外，油菜素内酯也可提高西瓜种子的发芽率和发芽势。

植物生长调节剂处理种子可以通过促进作物根系生长、提高细胞原生质黏滞性等途径，增强植物抵抗逆境（干旱、高温、低温、土壤盐渍化等）的能力。应用较多的主要有生长延缓剂 PP333、B9 和 CCC 等。许多研究表明，应用生长延缓剂处理种子，能促进根系形成和生长、提高气孔抗性，使叶片具有较高水势，从而提高水分利用率。在干旱条件下，可提高原生质体的黏滞性，增加结合水的百分比，并降低蒸腾作用。同时由于植株根冠比增加，降低了水分需求量，提高对水分匮乏的抗性。用生长延缓剂进行种子处理还可以明显提高作物的耐寒能力。用 CCC 等处理种子，可提高麦类作物分蘖节的入土深度，促进植物体可溶性糖的积累，使原生质黏滞性增强，从而提高作物的耐寒和抗低温能力。用 CCC 处理小麦种子，可以使冬小麦耐寒力提高 15%～30%。此外，应用某些植物生长调节剂处理种子，还可以提高作物耐盐渍能力；改善植株结构，使新陈代谢正常化，进而间接提高作物对病虫害的抗性。

随着化肥施用量的不断增加，作物倒伏成了高产、稳产农业的主要限制因素之一。植物生长延缓剂作为一种防止禾谷类作物倒伏的措施，在一些实行集约化农业的国家已得到广泛的应用，并创造了巨大的经济效益。其作用表现在：由于薄壁组织增长，维管束数量增加而使茎增粗；同时抑制茎的伸长，从而导致茎的机械强度增加，抗倒伏能力增强。楚爱香等利用植物生长延缓剂 PP333 和 B9，处理黑麦草种子，结果表明，二者均可以在不影响发芽率的前提下有效控制黑麦草苗期的高生长，且 B9 的抑制效果要显著强于 PP333[12]。卢敏用浓度为 100 mg/kg 的 PP333 溶液对小麦进行浸种处理，结果发现，幼苗根系活力增强，根冠比增加，小麦晚期抗倒伏的能力提高[13]。

第二节　应用于根茎叶上的植物生长调节剂

一、常见的根茎叶植物生长调节剂

植物经过植物生长调节剂处理后，根系变得更加发达，繁殖能力也明显增强。相关的研究已经表明：IBA、IAA、NAA、2，4 - D 等可以促进葡萄扦插生根。用植物生长调节剂处理插条有 3 种方法:速蘸法、慢浸法以及沾粉法。因为 IBA 在葡萄枝之间的运转性比较差,所以其活性不容易被破坏掉,因此可以在处理的部位附近长时间地保持活性,产生的根就会比较粗壮。IAA 在植物体内容易被酶分解而降低活性,光也很容易将其破坏。浓度较高的 NAA,会对愈伤组织的产生和芽的萌发起到抑制作用。IBA 和 NAA 如果按照一定的比例混合使用,生根的效果往往会比单独使用的要好。在葡萄苗旺盛生长之前,用 B9 或 CCC 对其进行处理,可以促进根系生长。移栽葡萄树的时候,将根在加入了 NAA 或者 IBA 的泥浆中进行浸蘸,可以促进其长出新根,提高成活率,而且可以比较快地让地下部分和地上部分恢复平衡。GA_3 可以促进茎的伸长生长以及扩大叶片,这不但可以调控 IAA 水平,还能诱导 α-淀粉酶的生物合成。调环酸钙是一种生长抑制剂,可以抑制茎秆生长,还有使茎叶保持浓绿的能力,调环酸钙主要是抑制 GA_3 后期的合成。青鲜素可以抑制茎的伸长,但由于其会阻止核酸的合成,现在已经被禁用。CCC 不仅能抑制茎部徒长,还可以缩短植物的节间、增加叶片的厚度、加深叶片的颜色。之所以会使叶片的颜色加深,是因为叶片中的叶绿素含量得到了提高。助壮素也可以缩短节间,矮化植株。PP333 可以使茎秆增粗,烯效唑是其替代产品,因为相对于 PP333,烯效唑在土壤里降解速度快,毒性小。CCC、助壮素等都是通过抑制 GA_3 的合成来发挥作用的。ABA 是一种较强的生长抑制剂,可以抑制根、嫩枝的伸长生长。王燕等将 IAA 喷施在银杏的叶片上,结果发现浓度为 250 μg/g 和 500 μg/g 的 IAA 能够明显的增加银杏苗的高度,增粗干径,与此同时还可以增加银杏苗的叶片数[14]。

二、植物生长调节剂对根茎叶的作用

20 世纪 40 年代以来,人们已经开始使用植物生长调节剂,对作物的生长发育进行调控,主要包括:利用植物生长调节剂促进发根和根系生长;促进土壤中的矿物质被植株吸收;控制植物里的化学成分或果实的颜色;诱导或控制叶片和果实的脱落;增加植物的抗病虫能力和抗逆能力。

不同种类的生长调节剂可以促进处于不同生长阶段的水稻生长,并且还可以增加水稻的产量。蒋志峰等发现稀土微肥和矮壮素对水稻有十分显著的作用:幼苗期使用可以让水稻的叶子茂密,增加稻穗数量;后期使用可以增加穗粒的含量和质量进而提高水稻的产量。在幼苗期使用多效唑、助壮素等也可以达到上述效果[15]。已有研究发现，将烯效唑以喷雾形式施用于拔节 10 天后的小麦，能够显著地将小麦的茎长控制在 7.7%～33.4%，小麦基部节间的茎壁厚度增加 31.6%～94.7%，同时使小麦的根系更加发达，其根冠比率也明显得到提高。另外，烯效唑在小麦幼苗期使用后，后期每个麦穗的麦粒数多而且麦粒饱满，因此可知，烯效唑可以使小麦增产是通过增加麦粒的浆液含量和麦粒的质量来实现的。

赤霉素作为典型的生长刺激剂，对作物的控制作用十分显著。主要表现在：赤霉素通过花、叶、果等途径进入作物内，进而增加作物的雄花比例，控制植株的开花时间，从而降低植物患落花落果病的概率；刺激植株细胞的生长和植株整体的发育，在大大提前植株结果时间的同时还能增加果实的产量。例如，将浓度为 20～50 mg/kg 的赤霉素溶液以喷雾的形式每隔 5 天施用在距离花芽分化期还有 14 天的草莓秧上，每回喷 2 次，能够使其花期提前。同时，乙烯利施用在植物上后，进入植株的方式与赤霉素类似，乙烯借助植物细胞液被释放，达到调控顶端、防止器官脱落和提前结果的作用。

目前，在蔬菜种植方面植物生长调节剂应用广泛，且趋势只增不减。植物生长调节剂的使用对蔬菜有多种好处：增加种子的发芽率和缩短种子的发芽时间、使作物提前进入花芽分化期、促进蔬菜生长、增加雄花量、减少落花落果病、提高作物的抗逆性、达到蔬菜保质保鲜的效果等。蔬菜种植时除了使用恰当的植物生长调节剂，还要维持适宜蔬菜生长的环境，这样种植的蔬菜具有卓越的抗逆性状，产量上升可高达 30%，收益显著。常用的调节剂有 2,4-二氯苯氧乙酸(2,4-D)、赤霉素、番茄灵、多效唑、40%乙烯利、萘乙酸等。

赤霉素的应用实例如下：土豆种块经过浓度为 1.5 mg/kg 的赤霉素溶液浸泡 5～10 min后能够解除休眠；豆类种子经过 10～20 mg/kg 的赤霉素溶液浸泡 12 小时后，可提前长出幼苗；瓜类幼果经过 20～100 mg/kg 的赤霉素溶液多次喷或涂后，增产效果显著。

赤霉素能够促进茎的嫩小器官或生长点的细胞发育、促进细胞的伸长、提高分裂速度，或两者皆有，这种作用在豆类、玉米等作物上十分突出。同时赤霉素也能增加小麦的淀粉酶含量，而广泛用于制麦芽业。赤霉素的诱导作用在增大葡萄颗粒以及增长甘蔗茎秆方面效果显著，只需要经过 150 g/hm^2 的赤霉素浸泡就可以使甘蔗显著增产。油菜花粉里的芸薹素也有促进生长的功能,目前已经人工合成了该内酯的异构体,并且经过试验证明该异构体能够有效增加部分作物的产量,商业效益显著。

虽然增加植物的生物量、茎秆的长度或半径能够获得增产或高效益,但有时候,我们需要让植物的整体或某些器官变小以迎合商业发展。

如 CCC 具有减缓植物的根茎叶生长、加快花和果实生长、促进叶色加深、降低植株节间长度、促进根部生长、防倒、增厚的作用。在幼苗生长期,将浓度为 100～500 mg/kg 的 CCC 水溶液以喷雾的形式用于植株茎、叶,可抑制其根茎叶生长。同时,CCC 可以增强大麦的抗倒伏能力,在欧洲地区已经得到广泛应用。研究发现植物生长延缓物质(B9、三丁氯苄磷)有控制植物生长期、推迟开花时间,尤其在观赏植物中作用更强[16]。

随着对植物生长调节剂研究的深入,三唑类化合物如 PP333、S-3307 等将会慢慢替换初始的延缓物质。例如,助壮素(Pix)用于棉花种植上,可解决因叶子茂密引发的问题,主要的方式是缩短棉花茎和节间的长度,让棉花的植株外形矮壮且紧致,构成圆锥形冠顶,从而缩短采摘时间,增加高质量棉花的产量。

第三节 应用于花和果实上的植物生长调节剂

一、植物生长调节剂对花的作用

植物生长调节剂具有促进农作物生长结果、成本廉价、作用显著以及使用步骤不烦琐等优点,农业生产中已广泛应用于作物种植。

花芽分化是植物开花的前提条件,刘晓荣等用不同的植物生长调节剂处理蝴蝶兰,研究对其花芽分化的影响,结果显示 6-BA 对促进蝴蝶兰花芽分化和发育的效果最好,GA_3 和 B9 对蝴蝶兰花芽分化影响不大,而 PP333 反而会起到抑制作用[17]。可能是因为 B9 和 PP333 都是植物生长延缓剂的缘故,但李丽等用 PP333 处理葡萄,却发现 PP333 可以促进葡萄花芽分化[18]。另外,郭兆武等发现 B9 可以促进杜鹃等形成花芽[19]。由此可以认为,植物生长延缓剂的作用是比较复杂的。关于 GA_3 对花芽分化影响的研究比较多,但是结论不一。现在主要有 3 种观点:第一种观点认为 GA_3 可以促进植物的花芽分化。比如,Zeevaart Jan 等认为

GA_3可以促进裂叶牵牛花芽的形成[20]；Chen 等在晚香玉的营养期用不同形态GA_3处理其球茎，发现都可以促进花的形成[21]。刘晓荣等研究发现，在高温条件下，外源 GA_3可以起到代替低温来诱导蝴蝶兰开花的作用[17]，可能是因为无论是GA_3处理还是低温诱导，都需要通过减少有活性的 GA_1向没有活性的 GA_8转化来诱导开花和发育。第二种观点认为 GA_3只是花芽诱导的产物而已。Cleland 等以高雪轮为试验材料进行研究，结果表明，GA_3 可以起到控制高雪轮茎伸长的作用，但不是花形成因素[22]。第三种观点则是 GA_3会抑制植物开花。Monselize 等发现GA_3处理柑橘后，会抑制其花芽分化[23]。

许森等用三碘苯甲酸（TiBA）、乙烯利、IAA 这 3 种植物生长调节剂处理苦瓜，研究不同种类、不同浓度的植物生长调节剂对其雌花分化的影响。结果显示，50 mg/L TiBA、250 mg/L IAA 以及 150 mg/L 乙烯利都可以明显促进苦瓜雌花的形成[24]。其中 TiBA 的增产效果低于 IAA，可能是因为 IAA 可以明显促进雌花子房的发育。朱周俊等用 6－BA、GA_3、CEPA、ABA、IAA 5 种植物生长调节剂处理锥栗[25]。结果显示，6－BA 能明显提高雌花分化率；GA_3以及 ABA 会抑制锥栗雌花分化，促进雄花分化；不同浓度的 CEPA 处理对锥栗雌雄花性别分化的影响不同，低浓度的 CEPA 会促进雄花分化，而高浓度的作用则相反。

目前的研究中有大量关于植物生长调节剂对花粉萌发和花粉管生长的影响的报道。李学强等在欧李处理过程中使用多种类的植物生长调节剂，研究不同的调节剂在果树的花粉萌发阶段和花粉管的生长阶段起到的不同作用。结果表明，低浓度的 NAA（$<$20 mg/L）以及 GA_3（$<$50 mg/L）对钙果花粉的萌发和花粉管的生长影响都不是很大。高浓度 NAA（$\geqslant$20 mg/L）对花粉的萌发有抑制作用，而对花粉管的生长有促进作用，高浓度 GA_3（$\geqslant$50 mg/L）对花粉的萌发以及花粉管的生长都会产生较大的抑制作用[26]。丁长奎等经过研究后得出浓度在 1～50 mg/L范围内的赤霉素对促进枇杷花粉萌发效果最明显，100 mg/L 的赤霉素对香榧花粉萌发最有利的结论[27]。张绍铃等以丰水梨为试验材料，发现浓度为 5～300 mg/L的赤霉素对花粉萌发和花粉管生长起到促进作用，而且花粉萌发率会随着赤霉素浓度增加而提高[28]。多数的学者认为，较低浓度的 IAA 会促进花粉萌发以及花粉管的生长。如吕君良等的研究发现 5～15 mg/L IAA 对促进金柑花粉萌发有明显的效果[29]。张绍铃等的研究发现 5～25 mg/L IAA 不仅会促进丰

水梨花粉萌发，还会促进花粉管生长[28]。关于2,4－D对花粉萌发和花粉管生长的影响报道有很多，目前认为，2,4－D可以促进花粉管的生长，但浓度会极大地影响花粉萌发率。刘建福等以澳洲坚果为试验材料进行研究，结果显示，低浓度的2,4－D对花粉萌发和花粉管生长都没有明显的促进作用[30]。此外，关于尿素、乙烯利、三十烷醇等植物生长调节剂对花粉萌发的影响报道也有很多。

李桂芬研究了植物生长调节剂对芒果花期的影响，首先是研究PP333对芒果花期的调控作用，PP333是一种植物生长延缓剂，它可以阻碍植物体内GA_3的合成，抑制细胞进行纵向生长，缩短茎节的长度，降低植株高度，分配光以及产物的去向，从而影响开花结果和产量[31]。通过观察芒果树的花芽分化，发现土施PP333可以诱导芒果反季节开花，还观察到花期缩短了20～30天，这说明土施PP333有着提早并集中芒果花期的效果。接着研究叶面喷施PP333、CEPA和B9对四季蜜芒花期的调控作用，结果表明：每个处理都可以使四季蜜芒的花期提前10～30天，并且成花株率都达到了100%，说明每个处理都可以对花期进行调控，并且效果很好。其中调控效果最好的是200 mg/L的PP333。有研究表明，赤霉素可以延长菊花、一品红、金鱼草、飞燕草等植物的花期，起到防止脱落的效果[32]。

二、植物生长调节剂对果实的作用

果实的品质是决定其商品性的关键因素之一，果实的大小和形状，果实中的糖、酸含量，糖酸比以及果实的色泽都是评价果实品质的重要指标。在开花后用5～20 mg/L吡效隆(CPPU)处理巨峰葡萄，发现果实膨大效果很明显，且随着浓度提高效果会得到增强。同时，巨峰葡萄果形指数降低，果粒由椭圆形变成了近圆形。果形指数指的是果实纵径和横径之比，也是果实外观品质的指标之一。说明CPPU可能既可以促进果实细胞的早期分裂，延长分裂时间，又能促进果实后期细胞的伸长膨大[33]。开花前用GA_3处理无核葡萄的花序，能使果粒的早期生长显著加快，同时，纵径增加使无核葡萄的果形指数得到提高[34]。人们认为经过GA_3的处理后，葡萄的坐果率很有可能会降低，并且GA_3也会加快葡萄果实细胞的分裂速率，果实细胞在后期阶段还会因此加快生长。用GA_3喷洒进入盛花期7天后开始结果的葡萄，并根据品种的不同，选择不同的GA_3用量。比如，用浓度为200 mg/kg的GA_3喷洒无核紫葡萄；用浓度为200～400 mg/kg的GA_3喷洒巨峰、玫瑰香葡萄，使用 GA_3 可增加葡萄的坐果率，增加果实的质量。PP333 具有和 CCC 相同的作用，都可以增加作物的产量。例如，用浓度为 400～800 mg/kg 的 PP333 喷洒在处于半谢花期一周内的桃树果实，能够起到调控植株变矮和枝梢生长的作用；用浓度为 1 500 mg/kg 的 GA_3 喷洒在已具有结果能力的葡萄周围的沟渠或者确保每株葡萄下的沟渠有 2～3 g 的 GA_3，均可有效减缓枝梢生长达到增产效果。防落素也是一种常用的调节剂，防落素可以极大程度地减少植株内的脱落酸生成，使果柄不形成离层，避免落花落果病，增加坐果率，使幼果生长更好，成熟期提前。用浓度为 25～35 mg/kg 的防落素在苹果开花、初结果、坐果和距离采摘前 30 天时各喷洒 1 次可以提高苹果的坐果率；用浓度为 30 mg/kg 的防落素喷洒正开花的葡萄可以提高其果率。

果实的色泽对其商品价值有着重要影响。花青素、类胡萝卜素以及叶绿素是对果实的色泽起决定作用的主要色素，其中花青素有着至关重要的地位。果实中花色素苷的含量严重影响其着色，且二者关系呈正相关，即随着花色素苷含量增加，着色情况也越佳。花色素苷的含量是用来评价果实色泽的一个重要标准，由于花色素苷受植物外源激素的影响比较大，因此可以利用植物生长调节剂来调节果实的着色。因为花色素苷是由花色素以及糖所构成的，所以果实的着色与糖含量关系十分密切。苯丙氨酸裂解酶(PAL)、4-羟查尔酮异构酶(CHI)在花青素的合成过程中起重要作用，有研究证明外源的 ABA 可以抑制果实内类胡萝卜素和叶绿素含量减少的途径，以提高 PAL 和 CHI 的酶活性，从而让花青素的比例增加[35]。另外有研究表明，因为葡萄的呼吸不是跃变型的[36]，所以到了成熟期，外源 ABA 可以增加其呼吸强度，促进果实成熟和着色。Mitcham 等用浓度为 5 mg/L的乙烯利处理葡萄果实后，发现果实的退绿速度加快[37]。郭守华等通过研究发现，浓度超过 500 mg/L 的乙烯利处理果实能加速有机酸的分解，促进果实着色[38]。还有研究表明，氨基酸钙也有促进果实着色和增糖的作用[39]。

果实内所含糖的种类和数量在很大程度上会决定果实的品质。糖含量会直接关系到果实的风味和甜度，用适量浓度的植物生长调节剂处理可以提高果实的含糖量。果实中糖分的积累主要取决于两个方面：一方面是叶片进行光合作用后的产物向果实中的运输，另一方面是光合产物的呼吸消耗以及代谢方式。积累糖分的整个过程是由关键酶调节、跨质膜和液泡膜糖载体调节、激素调节以及渗透调节共同来完成的。

崔娜等用植物生长调节剂“丰产剂 2 号”蘸花处理番茄，研究其对果实发育过程中糖组成及糖含量的影响，研究结果显示：“丰产剂 2 号”蘸花处理番茄后，在果实发育早中期，果实中糖的组成以及糖含量都没有出现明显的变化，而发育至成熟后，果糖含量和葡萄糖含量都得到了明显的提高[40]。试验表明，植物生长调节剂可以增加番茄果实中果糖以及葡萄糖的积累，提高果实品质。葡萄果实中的糖分主要是果糖以及葡萄糖，其积累方式是直接积累。有一些研究表明：在果实生长发育早期，如果用 CPPU、GA_3 或 CPPU+GA_3 进行处理，在不同程度上都可以促进果实糖分的累积；用 ETH、ABA 在果实发育后期进行处理，也可以增加果实中的糖分[41]。方学智等用不同浓度 CPPU 来处理猕猴桃，发现可溶性糖含量会随着处理浓度的增加而先增加后下降[42]。

果实的口味质感严重受到其体内的有机酸含量影响。在果实发育早期，用浓度为 25 mg/L 的 GA_3 对葡萄进行处理能使果实发育后期的酸度快速下降[43]，在果实转熟期间使用乙烯利处理也能够迅速降低果实的含酸量。但也有人通过研究得出了不同的结论，这可能与研究者处理时使用的品种、使用的浓度以及处理时期等因素有一定的关系。总体来说，使用植物生长调节剂可以起到降低果实含酸量的效果，其可能存在两方面的调控机制。一方面，GA_3、CTK 可以增大葡萄浆果体积，从而起到稀释作用[44]；另一方面，GA_3、CPPU、ETH 以及 ABA 等常用来控制葡萄体内的糖代谢过程和成熟期，还能够使有机酸变成糖，这样就可以降低果实的总酸含量[45]，果实的成熟可以促进呼吸对酸进行消耗，增加苹果酸酶(ME)以及苹果酸脱氢酶(MDH)的活性，因此促进了苹果酸的分解。

无核是一个优良的果实性状，单性结实的无核果商业价值更高。单性结实是指果实未经过受精而形成果实的现象。无论是在国内还是国际水果市场上，无核水果都受到人们的大力追捧，尤其以水果加工厂为最。在实际生产、销售过程中，无核水果的生产者以及加工者都获得了巨大的经济效益。已经有试验证明，大部分单性结实的水果无核的原因，是花粉不育，花朵不能很好地授粉，或者是水果在胚胎发育阶段和形成种子的过程中受到阻遏[46]。因此，人们常通过改变果实发育过程中的激素比例、辐射、植株杂交育种或将无核基因导入植株等方法来得到无核果实。现在已有大量关于植物生长调节剂在葡萄无核化上的应用。在葡萄种植中，常有两种方法可以得到无核葡萄：一是直接用无核品种；二是利用植物生长调节剂来处理有核品种，促使其生成无核果实[47]。其中利用植物生长调节剂诱导有核品种无核化是最主要的途径。GA_3是最早用来诱导形成无核果的植物生长调节剂，在葡萄种植中应用也最广泛。在葡萄开花前用GA_3对其进行处理，可以使花粉和胚珠的发育出现异常从而造成无核。不同的葡萄品种对GA_3的敏感程度是不一样的，不同的处理时间也会产生不同的效果。李明用 MH 和 6－BA 处理乌龙岭龙眼，发现 MH 处理的果实焦核效果十分明显[48]。核质量远小于对照组，焦核率在 90%左右。而用 6－BA 处理效果不够稳定，重复性也比较差。

保花保果是果树种植上的一项重要措施。植物之所以落果，与其体内激素水平密切相关，因此可以利用植物生长调节剂来改变以及平衡植物内源激素的水平，从而达到控制果树落果的效果。在文冠果开花期或幼果期，用 GA、萘乙酸钠、矮壮素和萘乙酸(NAA)等植物生长调节剂对其进行处理，会起到保花保果的作用[49]。现有的油茶普遍都有花多果少、落果严重的情况，有研究表明其中有一个重要的原因是油茶花果期自身的激素和营养水平不足，用不同的植物生长调节剂处理油茶，发现大部分试验的植物生长调节剂在测试的浓度下都有提高其保果率的作用[50]。有时疏花疏果也很重要，因为可以防止结果大小年，增大果实和提高果实的品质。使用低毒性的植物生长调节剂乙烯利后，其可以通过茎、叶、花、果途径进入植物，接着乙烯借助细胞液被释放出来，这样就可以控制顶端优势，达到催熟和促进植物器官脱落的效果[51]。在枣树开花的末期用浓度为 40～50 mg/kg NAA 加上 0.3%的磷酸二氢钾溶液进行处理，发现对疏除晚花和刚坐果的小果效果十分明显[52]。给开花盛期 30 天后的枣树喷施 NAA，可以达到很好的疏果效果[53]。

第四节　关于植物生长调节剂机制和应用问题的讨论

目前对于植物生长调节剂的生物学功能还没有准确的认知，我国的研究人员对其作用机理正在不断地进行实验和探索。Shen 等发现并于最近完成了一种介导种子发育、幼苗生长和叶片气孔行为的 ABA 受体——ABAR 鉴定[54]。生长调节剂能够控制内源激素的含量并保持平衡，改变生物膜的透性。尽管对其生理机制已有一些了解，但是许多根本性的问题尚未得到解决，如激素在细胞内的分布、生物合成部位、传导等问题尚不明确。根据已经获得的基础理论认识科学使用植物生长调节剂可降低其副作用，增强其目的性和准确性，为在农业生产中更好地开发和利用植物生长调节剂打下坚实的基础。

植物生长调节剂是调节植物生理功能的外源激素，它们有敏感的选择性，在不同的外部环境条件和不同植物生长发育阶段产生的效果区别很大，不能过分夸大植物生长调节剂对植物生长发育的调节能力。因此，推广应用生长调节剂必须经过严密而谨慎的试验，才能确保收到良好的经济效益和社会效益。同时，植物生长调节剂生理活性高，用量少，准确而均匀的施用十分重要，否则会造成局部药量过多，产生药害。

关于植物生长调节剂的使用方法，应注意以下几方面：

一是不要使用过多，要适宜。因为植物生长调节剂无论是生理学性质还是生物学效应都相当于是植物激素，所以通常情况下，一亩地使用几克或几毫升调节剂即可。不要因为担心用量不多效果不佳，而肆意增加用量，结果往往适得其反，严重阻碍植物的生长，甚至使植株的叶片不规整、发黄掉落、植株死亡。

二是切记不要和其他的药物混合使用。不应为了节省时间和精力，将生长调节剂任意和其他化学试剂混合使用。判定是否能混合使用，需参考使用说明且进行试验后确保切实可行。如果任意混合，除了无法达到药物自身的作用外，有时还会对作物造成毒害。常见的调节剂，如乙烯利和胺鲜酯就禁止与 pH 值 >7.0 的化学试剂混合使用。

三是用正确的方法使用植物生长调节剂。不应在不看说明书的前提下，直接用水稀释后使用。有的植物生长调节剂因为很难混匀，所以禁止与水混合，应先配制好母液后再调配成所需浓度。植物生长调节剂的使用要在说明书的指导下才能进行。

四是需谨记生长调节剂不是肥料，二者不可互相替代。生长调节剂只是对植物生长有调控作用，无法向植株提供营养。如果田地里的水肥条件不佳，多量的植物生长调节剂只会起反作用。所以，一旦作物生长状况不佳，需对其施肥浇水，再施用生长调节剂，二者相辅相成才能达到治愈植株的效果。因为植物生长调节剂是农药，所以其包装应具备正规的“农药三证”，包装袋的标示带是黄颜色的。使用时要严格依照药品说明书，防护措施要齐全，防止出现危及人、畜及饮用水安全的情况。

参考文献：

[1] 王风宝，张忠缓.叶酸对玉米增产作用及抗早衰效应的研究[J].中国农业科学，1997，30(6)：67—72.

[2] 徐荣，陈君，陈士林.植物生长调节剂在种子处理中的应用[J].种子，2008，27(12)：68—71.

[3] 司亚平，何伟明，陈殿奎.赤霉素对茄子种子活力的影响[J].中国蔬菜，1996(2)：22—23.

[4] 郭晓宇.赤霉素处理对茄子种子发芽的影响[J].农业与技术，2008，28(5)：58—60.

[5] Perrson B. Enhancement of seed germination by plant growth regulators infused via acetone[J].Seed Sci Technol，1988(16)：391 - 404.

[6] Veronica M.Effects of seed coming and osmotic printing on the germination of lettuce seeds[J].Amer Soe Hort Sci，1987，11，2(1)：153 - 156.

[7] Nasir. The effect of stratification and gibberellic acid on peach seed germination and seedling growth[J].Iraqi Agric Science，1987，5 (4)：55 - 63.

[8] 张福平，魏玲玲. IAA 等对紫罗勒种子发芽及幼苗生长的影响[J].种子，2007，26(10)：94—97.

[9] 王广印.赤霉素丙酮溶液处理对无籽西瓜种子活力的影响[J].中国瓜菜，2001(4)：8—9.

[10] 谷丹，王建华.GA_3和 6 - BA 对柠条锦鸡儿种子萌发及幼苗生长调控研究[J].种子，2004，23(11)：3—6.

[11] 金忠民，沙伟，孙雪巍，等.4 种植物生长调节剂对亚麻种子活力的影响[J].种子，2006，25(1)：56—57.

[12] 楚爱香，汤庚国，洪海波，等.多效唑对黑麦草种子萌发和幼苗生长的影响[J].北方园艺，2008(8)：132—134.

[13] 卢敏，李琳一，张莹，等.多效唑和赤霉素对小麦生物效应的比较研究[J].吉林农业大学学报，1998(1)：43—44.

[14] 王燕，阳文锐，程水源.吲哚乙酸处理对银杏幼苗生长指标的影响[J].湖

北农学院学报,2002,22(4):322—323.

[15] 蒋志峰,陈勇.植物生长调节剂在小麦上的应用效果[J].上海农业科技,1999(2):69—38.

[16] 张文波,刘海衡,侯倩茹,等.植物生长延缓剂对蝴蝶兰开花特性的效应研究[J].陕西农业科学,2018,64(5):53—56.

[17] 刘晓荣,王碧青,朱根发,等.植物生长调节剂对蝴蝶兰花芽分化与发育的影响[J].广东农业科学,2009(11):54—57.

[18] 李丽,常立民,张艳茹.多效唑对葡萄的生长和生理效应[J].北方园艺,1995(6):56—57.

[19] 郭兆武,萧浪涛.花卉的化学控制[J].长沙电力学院学报(自然科学版),2002,17(3):91—95.

[20] Zeevaart Jan A D. Effects of the growth retardant CCC on floral initiation and Growth in Pharbitis nil[J]. Plant Physiol, 1964, 39(3):402-408.

[21] Chen W S, Ding S F, Chang S T, et al. Conceptual context of hormonal regulation during floral transition in *Polianthes tuberosa*[J]. Flowering Newsletter, 2002, 33:11-16.

[22] Cleland, C F, Zeevaart, J A. Gibberellins in relation to flowering and stem elongation in the long day plant silene armeria[J]. Plant Physiol, 1970, 46:392-400.

[23] Monselize S P, Halevy A H. Chemical inhibition and promotion of citrus flower bud induction[J], Proc Am Soc Hort Sci, 1964, 84:141-146.

[24] 许森,王显均,蒋先涛,等.生长调节剂诱导苦瓜生长和雌花分化、发育的研究[J].安徽农业科学,2009,37(29):14114—14115.

[25] 朱周俊,袁德义,范晓明,等.植物生长调节剂对锥栗花芽性别分化及结果枝生长的影响[J].中南林业科技大学学报,2016,36(1):63—66.

[26] 李学强,李秀珍,司凤云,等.不同贮藏条件及生长调节剂对欧李花粉生活力的影响[J].西北植物学报,2007(11):2251—2256.

[27] 丁长奎,陈其峰,夏起洲,等.营养元素与生长调节剂对枇杷花粉萌发和座果率的影响[J].中国果树,1991(4):18—20.

[28] 张绍铃,高付永,陈迪新,等.植物生长调节物质对丰水梨花粉萌发和花粉管生长的影响[J].西北植物学报,2003,23(4):586—591.

[29] 吕君良,张上隆,陈昆松,等.矿质营养和植物生长调节剂对金柑花粉生活力的影响[J].浙江农业大学学报,1995,21(2):159—163.

[30] 刘建福,倪书邦,蒋建国,等.矿质营养与植物生长调节剂对澳洲坚果花粉生活力的影响[J].云南热作科技,2001,24(2):1—4.

[31] 李桂芬.芒果花期调控及花芽分化的研究[D].南宁:广西大学,2005.

[32] 张国华,张艳洁,丛日晨,等.赤霉素作用机制研究进展[J].西北植物学报,2009(2):204—211.

[33] Stern R A, Shargal A, Flaishman M A. Thidiazuron increases fruit size of 'Spadona' and 'Coscia' pear (*Pyrus communis* L.) [J]. Hortic Sci Biotechnol, 2003, 78(1):51 - 55.

[34] 王跃进,杨晓盆,翟秋喜,等.无核葡萄花前 GA 处理对果实生长发育影响的研究[J].园艺学进展,2002(2):336—340.

[35] 王贵元,夏仁学,周开兵.外源 ABA 和 GA_3 对红肉脐橙果皮主要色素含量变化和果实着色的影响[J].武汉植物学研究,2004(3):88—91.

[36] 徐学华.植物生长调节剂在葡萄栽培上的合理应用[J].科技风,2008(17):54.

[37] Mitcham E J, Mc Donald R E. Changes in grapefruit flavedo cell wall noncellulosicneutral sugar composition[J]. Photo-chemistry, 1993, 34:1235 - 1239.

[38] 郭守华,刘永军,崔志霞.乙烯利对巨峰葡萄成熟期及生理指标的影响[J].河北果树,2002(6):13—14.

[39] 伏春侠,孙兆军.促进苹果着色关键技术[J].河北果树,2009(5):39—40.

[40] 崔娜,李天来,赵聚勇.丰产剂 2 号蘸花对番茄果实发育过程中库强度的影响[J].沈阳农业大学学报,2006,37(3):295—299.

[41] 程云.CPPU 对梨果实生长发育及生理生化特性的影响[D].南京:南京农业大学,2007.

[42] 方学智,费学谦,丁明.CPPU 处理对不同品种猕猴桃风味与营养品质的影响[C].浙江省第二届林业科技周科技与林业产业论文集.2005.

[43] 程媛媛.生长调节剂对葡萄延后成熟、着色及无核果实生长的影响[D].南京:南京农业大学,2010.

[44] Zabadal T J, Dittmer T W. Gibberellic acid sprays increase berry size and reduce shot berry of 'Vanessa' grapevines[J]. Am Pomolog Soc, 2000, 54(3):1527-3741.

[45] 陈发兴,刘星辉,陈立松.果实有机酸代谢研究进展[J].果树学报,2005,22(5):526—531.

[46] 陈玉其.无核荔的无核性状调查及无核机理初探[D].广州:华南农业大学,2016.

[47] 陈国臣,曾雯珺,金颐熙,等.6BA 和赤霉素对油茶穗条生长发育及内源激素的影响[J].广西林业科学,2014,43(1):5—9.

[48] 李明.诱导龙眼焦核果实的研究[D].福州:福建农林大学,2008.

[49] 张燕,郭晋平,张芸香.文冠果落花落果成因及保花保果技术研究进展[J].经济林研究,2012,30(4):180—184.

[50] 蔡坚,刘喻娟,张应中,等.大量、中量营养元素和植物生长调节剂对油茶保果率的影响[J].中国农学通报,2013,29(19):46—53.

[51] Li Z, Peng J, Wen X, et al. ETHylene-insensitive3 is a senescence-associated gene that accelerates age-dependent leaf senescence by directly repressing miR164 transcription in Arabi-dopsis[J]. Plant Cell, 2013, 25:3311-3328.

[52] 陶陶.米枣落果生理机理及植物生长调节剂对果实发育、品质的影响[D].成都:四川农业大学,2012.

[53] 付润山.GA_3和 NAA 处理对柿果实采后软化生理及 CDK-Exp3 表达的影响[D].杨凌:西北农林科技大学,2010.

[54] Shen Y Y, Wang X F, Wu F Q, et al. The Mg-chelatase H subunit is an abscisic acid receptor[J]. Nature, 2006, 443:823-826.

第三章 赤霉素的结构、合成与代谢调控

第一节 赤霉素的种类与结构

作为水稻恶苗病的罪魁祸首，赤霉菌会导致患病菌株的生长速度远超正常水稻。著名科学家黑泽英一在1926年用不含细胞成分的赤霉素培养基滤液处理正常水稻，结果正常植株产生了和患病植株一样的徒长现象，这意味着赤霉菌中一定蕴藏了能加速水稻生长的物质。20世纪30年代，研究人员以赤霉菌培养基的滤液为原料，提取并分离了这种成分同时探测出其化学构象，将其命名为赤霉酸。1956年，研究者验明了一些与赤霉素相似的物质在高等植物细胞中是普遍存在的[1]。到20世纪80年代，已经分离并鉴定出的种类达到60种之多。常见为自由态以及结合态两类，但都统称为赤霉素。

赤霉素是植物五大激素之一，能够调节植物的生长发育，显著促进细胞伸长、分裂和分化，加速生长发育，增加产量，改善品质，促进早熟，也能有效地打破种子休眠，促进发芽，还能诱导植物抽芽开花，促进坐果和果实的生长。赤霉素在植物界有广泛的分布，也存在于细菌和真菌等微生物中[2]。赤霉素是一类四环二萜类化合物，均以赤霉烷为基础，分子由4个环构成，不同种类的赤霉素环上双键以及羟基数量和位置不同。到现在为止已经有100多种赤霉素进入人们的视野，但是仅GA_1、GA_3、GA_4和GA_7等少数GAs具有生物活性。有生理活性的赤霉素的第7个碳均为羧基，根据赤霉素分子中含有的碳数目不同可以将赤霉素分为19-C赤霉素和20-C赤霉素。GA_1～GA_{11}、GA_{16}、GA_{20}～GA_{22}、GA_{26}、GA_{29}～GA_{35}等的结构中含有19个碳原子，为19-C赤霉素；GA_{12}～GA_{15}、GA_{17}～GA_{19}、GA_{23}～GA_{25}、GA_{27}～GA_{28}、GA_{36}～GA_{38}等则属于20-C赤霉素。赤霉素按照其被发现的顺序被命名为GA_1、GA_2、GA_3等。赤霉素的化学结构见图3-1和图3-2。

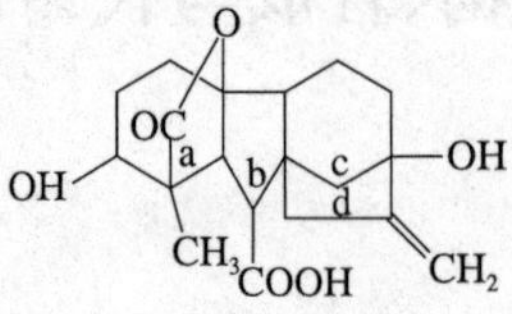

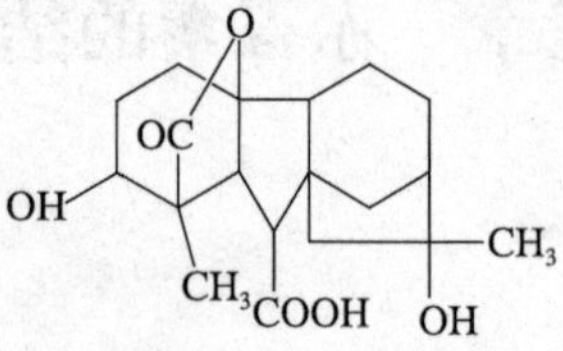

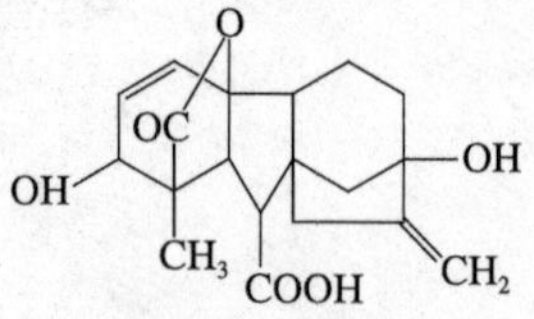

GA_1 ($C_{19}H_{24}O_6$)　GA_2 ($C_{19}H_{26}O_6$)　GA_3 ($C_{19}H_{22}O_6$)

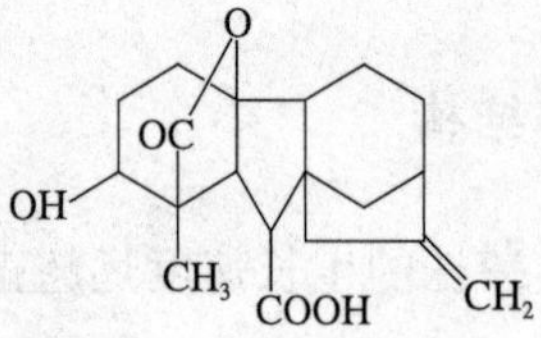

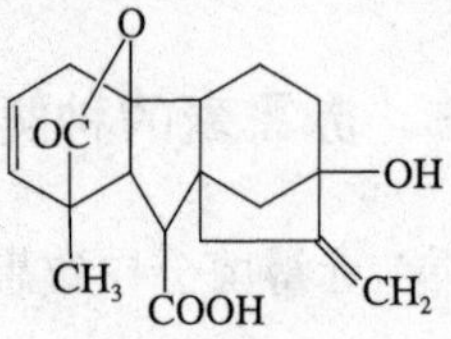

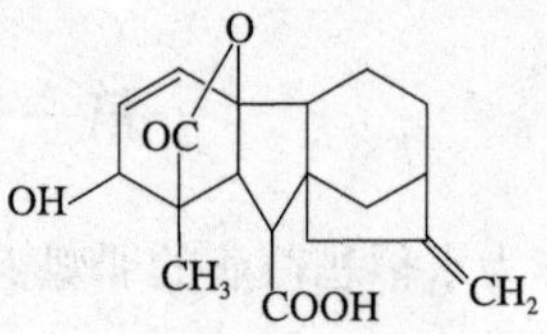

GA_4 ($C_{19}H_{24}O_5$)　GA_5 ($C_{19}H_{22}O_5$)　GA_7 ($C_{19}H_{22}O_5$)

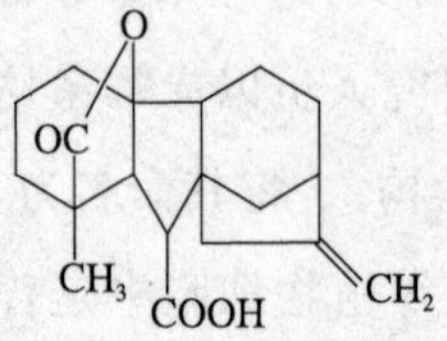

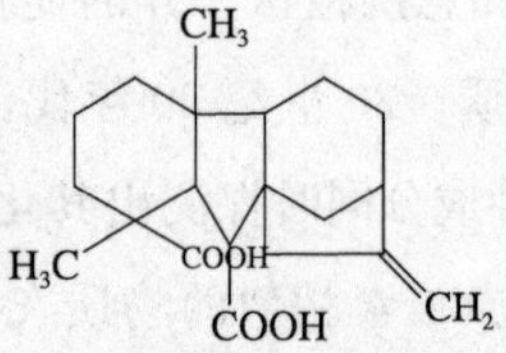

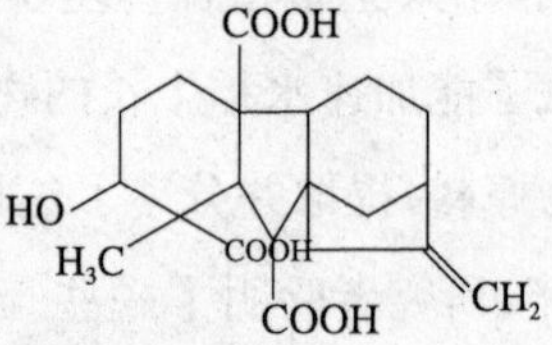

GA_9 ($C_{19}H_{24}O_4$)　GA_{12} ($C_{19}H_{28}O_4$)　GA_{13} ($C_{20}H_{26}O_7$)

图 3-1　几种重要赤霉素的化学结构

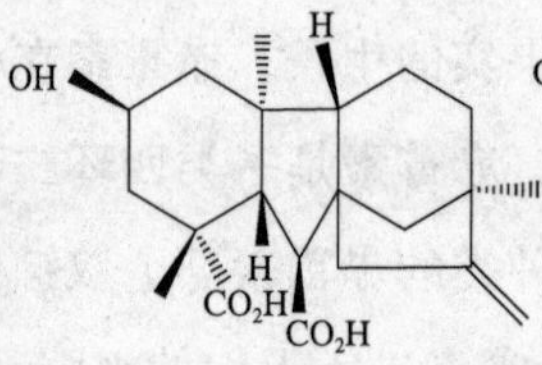

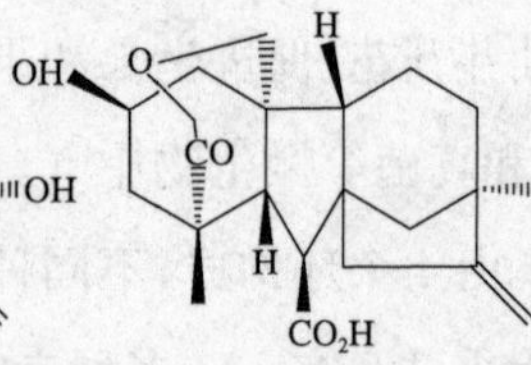

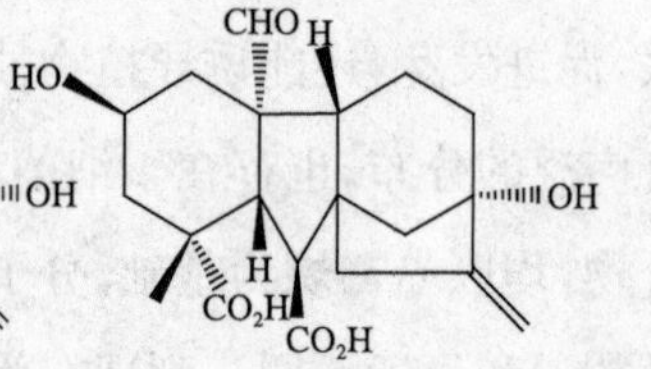

GA_{97}　GA_{98}　GA_{99}

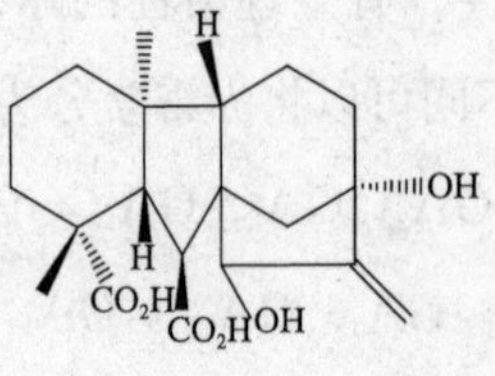

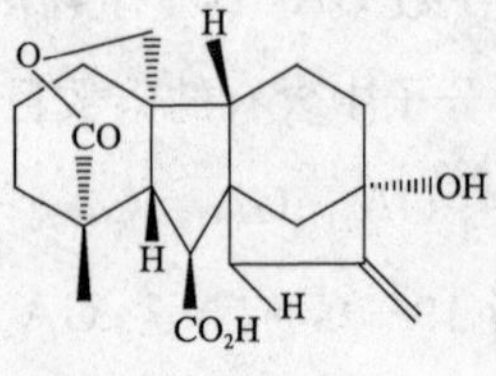

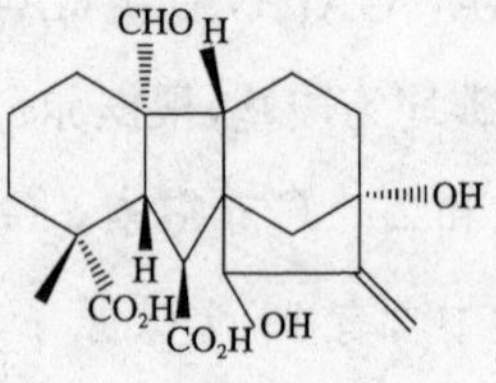

GA_{100}　GA_{101}　GA_{102}

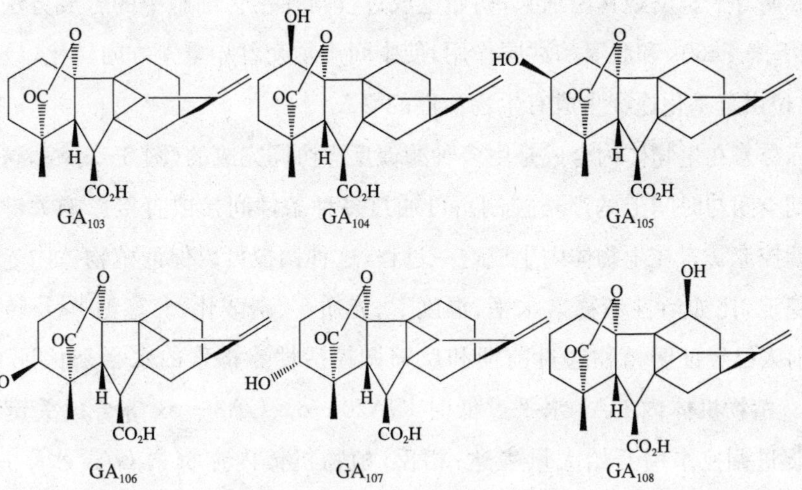

图 3-2　其他赤霉素的化学结构

第二节　赤霉素的合成与代谢

一、赤霉素的生物合成与化学合成

1. 赤霉素的生物合成和关键酶类

赤霉素合成的主要场所是发育的果实或种子、伸长的茎端和根部器官。由亚细胞定位证实，GA 的合成位点是质体、内质网和细胞质基质[3]。在质体中进行的过程主要是牻牛儿牻牛儿焦磷酸（geranyl geranyl diphosphate，GGPP）在内根-古巴焦磷酸合成酶（ent-copalyl di-phosphate synthase，CPS）和内根-贝壳杉烯合成酶（ent-kaurene synthase，KS）催化下环化为赤霉素的前身内根-贝壳杉烯（ent-kaurene）。在内质网中内根-贝壳杉烯发生一系列的氧化反应，先形成 GA12-醛，后者的 C-13 分别经羟基化和非羟基化 2 种不同的方法变为 GA_{53} 以及 GA_{12}。最后，GA_{12} 与 GA_{53} 经 GA20-氧化酶（GA 20-ox）与 GA3-氧化酶（GA3-ox）在细胞质基质中氧化变为不同的 GAs。赤霉素的形成在细菌及真菌中稍有差异。在细菌细胞中，催化赤霉素生成的是二萜操纵子，包括铁氧还蛋白、乙醇脱氢酶、萜烯合成酶等[4]。反观真菌细胞，初始生成过程与在植物细胞中的合成方法并无差别，接下来 P450s 和脱氢酶共同作用，使中间产物朝着赤霉素方向转化，最后 GA_7 的 C_{13} 位由羟基化途径生成有生物活性的 GA_3[5]。

赤霉素在生物体内合成是由多种酶促反应协同完成的(图 3 - 3)[6]，这些反应都受到空间与时间上的严格控制。可通过多种条件间接或直接影响关键酶的表达来调控赤霉素在生物体内生成这一过程，这种调控可以保证植物体内赤霉素含量的稳定，比如活性赤霉素水平、温度[7]、光质[8]、磷酸化[9]、寡糖[10]及转录因子等。前人已经证明植物通过前馈和反馈调控活性赤霉素的水平来保证 GA_3 含量[11]。植物机体内 GAs 水平过低时，GA20 - ox、GA3 - ox 等合成关键基因受 GAs 促进调控作用开始大量表达；相反，植物机体内赤霉素 GAs 水平过高时，GA20 - ox 的表达受到抑制，则 GAs 对 GA_3 合成的过程与水平过低时的刚好相反[12]。在对植物拟南芥的研究过程中发现，低温和红光对 GA_3 的合成有促进作用。在番茄植株内 TCA 循环的中间代谢物酮戊二酸及其脱氢酶(2 - OG dehydrogenase，2 - ODD) 也调控赤霉素的生物合成，番茄根中 2 - ODD 表达下调将导致 GA_3 合成减少[13]。除此之外，关键酶的调控对象还有 GA20 - ox 与 GA3 - ox 的氧化反应。同样的多种转录因子以及卡拉胶寡糖(Kappa)也对赤霉素的生成产生作用。Kappa 在硫氧还蛋白还原酶系统介导的还原反应可增加尤加利树中 GA_3 的含量。

下面是对与赤霉素有关的关键酶类的分述：

(1) 古巴焦磷酸合酶

古巴焦磷酸合酶(copalyl pyrophosphate synthase，CPS)能催化环化双萜形成的第一步反应，同时也影响着 GA_3 的生成途径。通过基因组减法(genomic subtration)技术，将野生型拟南芥作为特意 DNA 的来源，将大肠杆菌作为受体胞构成基因工程菌，表达的外源基因可以编码 CPS。CPS 能够催化生物合成途径中从牻牛儿牻牛儿焦磷酸(geranyl geranyl pyrophosphate，GGPP)形成古巴焦磷酸(copalyl pyrophosphate，CPP)的一步反应[14-17]。

(2) 内根-贝壳杉合成酶

观察图 3 - 3 得知，内根-贝壳杉合成酶(ent-kaurene synthase，KS)可以催化 CPP 形成内根-贝壳杉烯。它具有与 CPS 相同的功效，位于前质体，同样具有引导序列。

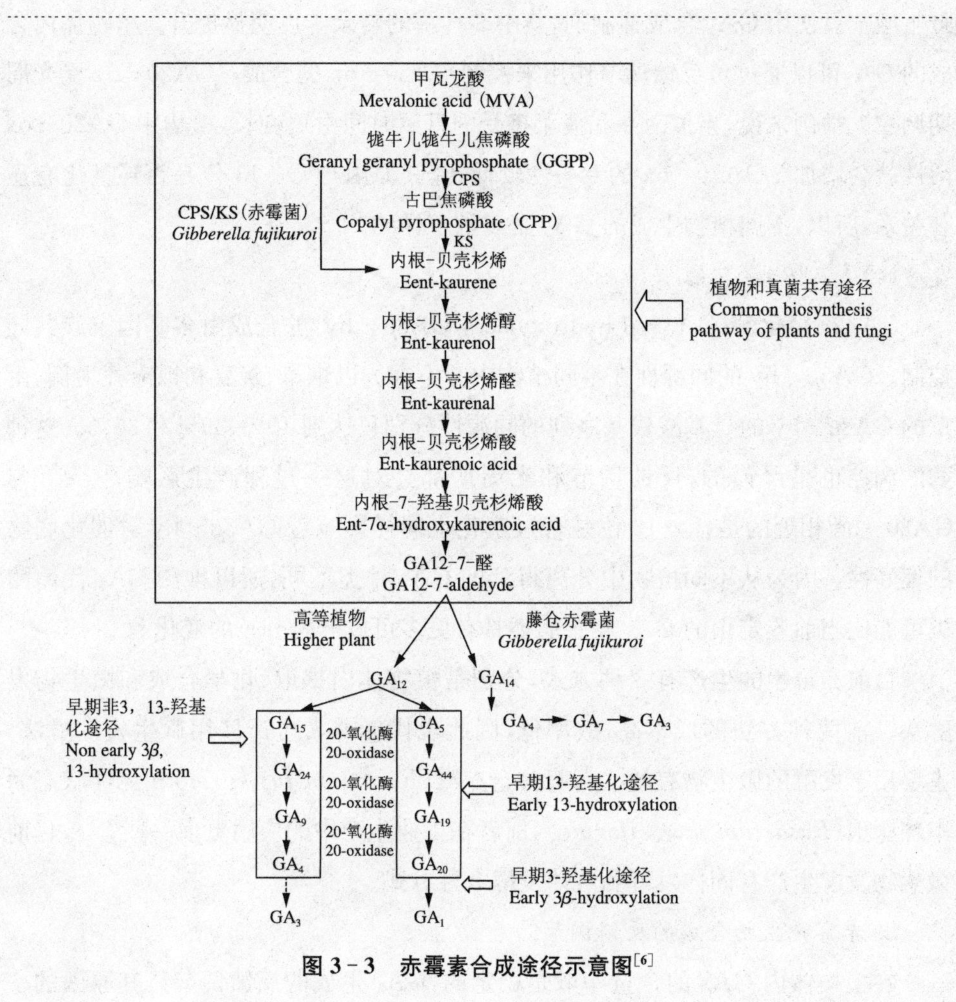

图 3-3　赤霉素合成途径示意图[6]

(3) GA20-氧化酶

GA20-氧化酶(GA20-oxidase，GA20-ox)在 GA_3 的生成过程中起着至关重要的作用，是一种具有溶解性的双加氧酶。这种酶的编码由众多较小的多基因家族控制，而这些家族成员的表达模式既重叠，也存在区别[18—19]。

GA20-ox 的调控作用是一种严谨的调控作用，受到反馈调节和光周期调节的双重作用。Carrera 等已经验证，土豆的 *ga*1 矮化突变体体内的 GA20-ox 水平很高，在体外使用 GA_3 后，GA20-ox 表达水平在该植物体内显著降低[20]。对

野生型土豆使用 GA_3 合成抑制剂，其中 2 种酶的转录丰度明显提升。植物体内合成的 GA_1 可以通过负反馈调节作用来控制 GA20－ox 的合成。GA20－ox 受光周期调控。举例来说，当拟南芥和菠菜接受的日照时间由短变长，植物中 GA20－ox 活性就会增加。GA20－ox 的专一性较低，究其原因与 C－13 位是否羟基化有显著关系，所以，不同植物生成的 GA_3 是多种多样的。

(4) GA3β-羟化酶

GA3β-羟化酶(GA3－β hydroxylase，GA3β－hy)的合成由多基因家族共同控制。GA3β－hy 的同源性在不同植物中并不高。以烟草、豌豆和拟南芥为例，南瓜的 GA3β－hy 的氨基酸残基序列的同源性分别只达到 40％、39％和 36％。这种酶的调控也是严谨的，反馈调节和光周期都会对这一过程产生影响[21—23]。与 GA20－ox 相近的是，C－13 位是否羟基化也同样影响着 GA3β－hy 对催化底物的偏好性。因为从不同植物中分离得到的 GA_3 种类不同，所以推测 GA_3 代谢酶类可能比当前鉴定出的 GA_3 相关酶类具有更多可以产生分歧的变化[24]。

目前赤霉素的生产有 3 种方式，分别是植物体内提取、化学合成和微生物发酵法。前两种方法的成本高，效率低，因此现代赤霉素生产多用微生物发酵法。主要用于发酵的微生物有丝状真菌藤仓赤霉(*Fusarium fujikuroi*)和无性状态为串珠镰孢(*Fusarium moniliforme*)，前者在工业生产中的应用更多一些[25]。目前微生物发酵生产有固体发酵和液体发酵 2 种方式。

2. 赤霉素生物合成的反馈调节

在植物体内 GAs 的含量一般是稳定的，GA_3 生成的反馈调节是其原因的一种[26]。GA20－ox 以及 GA3β－hy 的转录翻译过程会受到活性 GAs 的抑制。在 GA_3 缺陷植物体内，拟南芥 GA_5 和 GA_4 基因转录水平较高，但外加 GA_3 之后，这种高水平的转录将会降低[27,28]。用生物活性 GA_3 处理野生型豌豆也降低 GA20－氧化酶 mRNA 和 GA_1 含量[29]。把黄化豌豆幼苗搬至日照条件下，4 小时之后 GA20－ox 和 GA3β－hy 表达效率提高了 5 倍。如果在光处理之前给黄化幼苗供应外源的 GA_1，会抑制光诱导的 GA20－ox 和 GA3β－hy mRNA 的累积[30]。说明活性 GAs 在 GA_3 生物合成反馈抑制过程中起重要作用。

在 GA_3 响应突变体中，如小麦 *Rht3*，玉米 *Dwarf8* 和拟南芥 *gai*，虽然它们是矮生突变体，但它们含有大量生物活性 GAs[31,32]。与之相对应地，某些细长突

变体如豌豆的 *la crys* 突变体长势类似于被大量 GA_3 处理过，而实际上其生物活性 GAs 含量却很低。植物的茎的生长一般是由 GA_3 含量决定的，但这种现象表明 GA_3 响应和 GA_3 含量之间并不一定完全成正相关关系。矮生突变体无法对 GA_3 做出响应，也不能抑制 GA_3 的生成。这种现象表明这些基因在正常情况下很可能参与了 GA_3 信号的接收或传递过程[32,33]。GA_3 的生成在豌豆细长突变体内水平明显下降，极大可能是因为在对 GA_3 信号的接受或传递这一流程中，相对基因承担着负调节的作用。

3. 赤霉素生物合成的光周期调节

在许多莲座状植物中茎快速伸长（抽薹）伴随着开花的光周期诱导受 GAs 调控。在这一过程中赤霉素的 C－20 氧化是关键。在专性的长日植物中以菠菜为例，GA_5基因的转录和翻译在长日照条件下较为活跃，同时也和茎伸长的伸长量息息相关。当日照时间变短时，GA_5基因表达水平就会降低。这一表达模式在光周期改变后 2 天内建立起来[34]。在兼性的长日植物中以拟南芥为例，抽薹的速度在长日照条件下显著增加。当植株从短日照（SD）转移到长日照（LD）条件下，C19－GAs：GA_9、GA_{20}、GA_1和 GA_8的含量上升，表明 GA20－氧化酶活性受 LD 条件促进。在 LD 条件下茎伸长至少部分归因于 GA_5表达的增加，而 GA_4（3β－羟化酶）的表达不受光周期控制[35]。

这种现象在萌发的种子中略有不同。对莴苣种子而言，光敏色素的调控作用可能是通过控制 GA_3 含量来实现的，种子内的 GA_1 含量在经红光照射后明显增加。利用反转录 PCR（RT－PCR）从莴苣种子中分离出编码 GA20－氧化酶（其 cDNA 为 Ls20ox1 和 Ls20ox2）和 3β－羟化酶（其 cDNA 为 Ls3h1 和 Ls3h2）的 cDNA。RNA 分子杂交试验表明 Ls3h1 的表达 2 小时内被红光处理显著诱导，并被随后的远红光处理抵销，而 Ls20ox2 的 mRNA 的水平在红光处理后下降。Toyomasu 等认为光敏素通过调节 GA3β－羟化酶基因转录的水平来提高 GA_1 含量，促进种子萌发[36]。在对萌发的拟南芥种子中的试验也获得类似的结果。

4. 赤霉素的化学合成

对于赤霉素的化学合成在过去研究较多，有研究人员研究了赤霉酸的立体、有选择性地全合成过程中的一个关键的三环中间体，他们所用方法的关键步骤如下:顺式的特异性生成顺式产物;通过内部频哪醇反应# 环化形成 D 环;环 B 从 6 位到 5 位的位置特异性环收缩;形成环 A 通过内部狄尔斯-阿尔德(Diels-Alder)反应和立体特异性甲基化形成具有所有碳原子的五环内酯;在五环内酯的 C(6)和 C(7)氧化和异构化;赤霉酸的完整 A/B 环单元的立体特异性加工[37,38]。另外,他们还公开了赤霉素化学合成的一个新方法,该方法允许获得环 B 上的 C(7)取代基处于非自然(通常较不稳定的)取向并且也提供了一些有用的与 GA_3 衍生物合成直接相关的先进的合成中间体。Lumbardo 等[39]提出基于通过羟醛过程 C(4)-C(5)通过迈克尔反应构建 C(3)-C(4)键的策略,C(1)-C(10)通过向烯酮上添加适当的亲核试剂,建立 pro-C(10)正确的相对手性,然后通过几何约束提供随后的立体化学控制。这是赤霉素合成的非常有效的策略,可以通过 24 个步骤合成 GA_1,和从 1,7-二甲氧基萘开始通过 31 个步骤合成赤霉酸 GA_3。Toyota 等研究了 GA_{12} 的合成,他们利用(3*aR**,7*aR**)-3,3-二甲基-7a-(2-丙炔基)-3a,4,7,7a-四氢异苯并呋喃酮作为常见的中间体,通过均烯丙基-高烯丙基重排来合成 GA_3,再设计了醇 17 作为乙烯基、自由基、辅助自由基重排的前体,以控制自由基环化并易于转化为异丙烯基,构建双环辛烷化合物 18 之后,反式十氢化萘结构对应于 AB 环通过分子内 Diels-Alder 反应制备 GA_3 的环体系,最后形成赤霉素[40]。

除此之外还有不少关于赤霉素衍生物和赤霉素类似物合成的研究。Jiang 等筛选了一种赤霉素类似物并命名为 67D,可以作为种子萌发的刺激剂,同时也会被 GA_3 生物合成抑制剂多效唑抑制[41]。67D 及其类似物被认为是 GID1 受体的激动剂,可以作为 GA_3 的替代品被用于农业和基础研究。Tian 等从天然产物 GA_3 中设计合成了一系列具有酰胺基的新型 C-3-OH 取代的赤霉素衍生物,并且他们对水稻和拟南芥植物生长调节的活性进行了体内评估,结果表明有 2 种合成的化合物对水稻和拟南芥表现出了抑制活性[42]。

二、赤霉素的分布

不同植物中赤霉素的种类不同,且同一植物不同组织所含赤霉素的种类也有所不同。因此,研究与探讨赤霉素在不同植物和植物不同组织中的分布十分重要。

#:频哪醇反应是指频哪醇重排反应 pinacol rearrangement,又称“呐夸重排”,是一类亲核重排反应。反应中,频哪醇在酸性条件下发生消除并重排生成不对称的酮,该反应可用于螺环烃的合成。

以葡萄为例，浆果中存在GA_4、GA_5和GA_3，花中存在GA_1和GA_4，花粉和花药中存在GA_8，未成熟的种子中存在GA_4、GA_3和GA_7、GA_{34}等，茎段中存在GA_3和GA_4+GA_7，除此之外，在其子房中还含有GA_3、GA_4、GA_{19}、GA_9、GA_7和GA_1[43]。

Zhao等从富士苹果的种子中克隆出了赤霉素合成的关键酶基因*MdGA20ox1*、*MdGA3ox1*和*MdGA2ox1*[44]。研究发现，GA20－ox可以催化GA_{12}和GA_{53}转化为GA_9和GA_{20}。通过实时定量RT-PCR结果表明，苹果的*MdGA20ox1*基因在未成熟种子中表达量非常高，是其他组织(包括顶芽、花芽、花、成熟种子)的2 000多倍，说明苹果的未成熟的种子中各种赤霉素的合成十分活跃，在苹果的未成熟的种子中，GA_9和GA_{20}含量最高。而*MdGA3ox1*能够把GA_9和GA_{20}转化成有生物活性的GA_4和GA_1，实时定量RT-PCR结果显示，*MdGA3ox1*在盛花中的表达量最高，其次是在苹果的花中GA_4和GA_1含量最高，最后是苹果的花芽中这两种赤霉素含量较高。*MdGA2ox1*能够把GA_4和GA_1转化成没有生物活性的GA_{34}和GA_8，实时定量RT-PCR结果显示，与*MdGA3ox1*一样，*MdGA2ox1*也是在盛花中的表达量最高，其次是在未成熟的种子中。说明在苹果的花中GA_{34}和GA_8的含量最高，其次是苹果的花芽中这两种赤霉素含量较高。

孟祥红等运用胶体金免疫电镜定位方法对不同光照条件下光敏胞质不育小麦(*Triticum aestivum* L.)花药发育过程中的GA_1+GA_4分布进行了细致的研究，结果发现，其花药在短日时是可育的[45]。GA_1+GA_4的分布数量在花粉母细胞、单核花粉和二核花粉3细胞内是逐渐增加的，而其在这些细胞中的分布又以细胞核为最。另外GA_1+GA_4在成熟精细胞中同样存在。GA_1+GA_4在绒毡层细胞质和细胞核内数量减少。进行长日照处理时，花药出现不育现象，花粉母细胞和败育的花粉中检测出GA_1+GA_4的存在，不过与相同阶段的可育花粉相比，其含量相对较低。当绒毡层细胞发生解体出现紊乱情况时，细胞内有一定含量GA_1+GA_4。最终研究结果表明，花粉的发育离不开GA_1+GA_4的参与，它在花药内的分布和含量的波动情况是与花药育性密不可分的。

三、赤霉素的代谢与调控

作为植物激素，赤霉素地位独特，其在植物体内的稳定对植物的正常生长关系重大。赤霉素的稳态是各方因素协调的结果[46,47]。在植物体内这种稳态依靠赤霉素的前馈和反馈调节得以实现[48,49]，其机制是通过控制关键酶的活性来控制赤霉素的合成以及代谢。在保证植物体内赤霉素稳定这一过程中，2ODDs 酶类起到了关键作用，是赤霉素合成中的主要限速过程。在赤霉素生物合成途径中，GA20 - ox 和 GA3 - ox 能将 GA_{12} 和 GA_{53} 催化合成有活性的 GA_1 和 GA_4。GA2 - ox 能通过 β-羟基化作用将活性 GA_1 和 GA_4 催化形成无活性 GA_8 和 GA_{34}。赤霉素对这些基因的调控体现在反馈和前馈调节上。

通过对拟南芥基因转录产物的研究表明，在赤霉素不足的情况下，促使赤霉素合成的相关基因片段会高水平表达，如 *At GA20ox1* 和 *At GA3ox1*。这些片段的表达既能加速赤霉素的生成，同时也减弱了赤霉素在其他途径中的消耗[50—53]。反之，*At GA2ox1* 和 *At GA2ox2* 这些导致赤霉素失活相联系的酶的基因表达会受到抑制。实验发现在经过外加赤霉素处理后这种情况会得到改善[54]。将拟南芥中的 GA_4 合成酶基因（*At GA3ox1*）转入白杨中并使其过表达，经改造过的杨树中 GA_4 含量的增幅并不明显，同时节间在茎中较少出现，节间距也没有明显的增长。*At GA3ox1* 转基因杨树中 GA_{20} 含量显著减少，但具有生物活性的 GA_4 和 GA_1 的含量却并未相应增加。因此，再次证明赤霉素的调节是通过前馈和反馈调节的共同作用而达到平衡的。

在保证赤霉素在植物体内保持稳态这一过程之中，下列信号转导途径中的关键元件都承担着一定的分工：GID1、DELLA 蛋白、F-box 蛋白 SLY1（sleepy 1）或 GID2（GA-insensitive dwarf 2）。举例说明，以 *gid1* 和 *gid2* 突变型水稻为例，赤霉素合成酶（Os GA20ox2）基因转录翻译的水平显著增加，同时细胞内有效的 GA_1 比例同步增加[55,56]。

而在缺失 DELLA 蛋白作用的突变型拟南芥中，哪怕赤霉素含量已经处于较低水平，合成赤霉素的关键酶基因 *At GA3ox1* 的表达依旧处于较低水平[57,58]。这种有转导元件参加的调控原理还需要深入研究。

在植物体内多种蛋白也参与到维持赤霉素稳态这一过程当中。排在第一位的是 repression of shoot growth 蛋白（RSG），这种蛋白发挥其关键性作用的一步是转录的激活。RSG 分子中包括了亮氨酸拉链结构域，这个结构域可以与拟南芥 *AtKO* 启动子相互结合，从而激活转录这一过程[59]。基因 *AtKO* 的表达能够被 RSG 所抑制，使烟草无法生长到正常高度大小。最严重的情况是阻断 GA20 -氧化酶基因在植物体内的反馈调节机制。当细胞内赤霉素水平下降时，RSG被转运到细胞核内，加速赤霉素的生成。在GA20-氧化酶基因表达的反馈调节中，赤霉素含量水平受RSG严格控制，进而影响GA20-氧化酶基因的表达，而RSG在GA3-氧化酶基因表达的反馈调节中却不起作用[60]。另外一种保证赤霉素稳态的反馈作用元件AT-hook蛋白(AGF1)也起到相当大的作用。这种碱基片段的启动子和43 bp的顺式元件相结合可以起到负反馈调节作用。植物体内，赤霉素能够在相应酶的作用下发生羟基化而被钝化，同时赤霉素也能够通过自由态与结合态的相互转化维持平衡。最后，别的外加条件也对赤霉素含量稳态的保持起到一定的功效，如光照、温度和逆境，甚至其他激素也对赤霉素的平衡具有重要的影响[61—66]。

植物体内的赤霉素可以通过前馈和反馈进行调节。从GA12-醛转变成其他的GAs途径因植物种类的不同而产生不同的代谢途径，分为早期3-羟基化途径、早期13-羟基化途径、早期非3、13-羟基化途径。Li等研究了植物特异性组蛋白去乙酰化酶HDT1/2对GA2-ox2表达的调控，结果发现HDT1/2对GA2-ox2进行负调控，HDT1/2会抑制GA2-ox2的表达来调节赤霉素的合成，以促进根分生组织中细胞的分裂，控制拟南芥根分生殖细胞数量，调控根的生长[67]。高琼等研究发现，低温会诱导*CBF1*基因的表达以增加植物的抗寒性，而且植物会出现延缓生长的情况；低温也会抑制赤霉素前体GGPP合成通路中的基因表达，促进催化GA_3失活的酶基因表达，赤霉素受体基因的表达会受到赤霉素水平的反馈调节[68]。在渗透胁迫和盐胁迫的研究中，发现外界环境没有同低温胁迫相似促进催化GA_3失活的酶基因表达，但是抑制了赤霉素前体GGPP的基因表达。胡召杉等研究发现GA20-ox和*GA-MYB*基因的低表达导致小麦中赤霉素合成途径受到阻碍或者其对赤霉素信号的灵敏度降低，影响了矮秆小麦拔节期赤霉素的合成，内源性赤霉素的缺乏会影响小麦茎节的生长，从而致使小麦矮化[69]。光环境也会影响植物内源性赤霉素的合成与代谢。

罗玲等研究发现，在玉米、大豆套作条件下，大豆会受到玉米荫蔽的影响，因此茎秆内源赤霉素含量显著降低，内源赤霉素合成酶GA-20氧化酶基因、GA3-氧化酶基因和赤霉素降解酶GA2-氧化酶基因的表达量都高于单作植株，说明植株内源赤霉素的含量对编码赤霉素代谢途径中关键酶基因具有前馈和反馈作用，GA_4活性水平较低，能够抑制植株主茎过度伸长，最终表现出较强的耐荫抗倒性[70]。所以，大豆内源赤霉素GA_4的合成受基因型和光环境的共同影响。

参考文献：

[1] 冯大领，孟祥书，王艳辉，等.植物生长调节剂在植物体细胞胚发生中的应用[J].核农学报，2007，21(3)：256—260.

[2] Macmillan J. Occurrence of gibberellins in vascular plants, fungi, and bacteria[J]. Plant Growth Regul, 2001, 20:387 - 442.

[3] Reinecke D M, Wickramarathna A D, Ozga J A, et al. Gibberellin 3 - oxidase gene ex-pression patterns influence gibberellin biosynthesis, growth, and development in pea[J]. Plant Physiol, 2003, 163:929 - 945.

[4] Morrone D, Chambers J, Lowry L, et al. Gibberellin biosynthesis in bacteria: separate entcopalyl diphosphate and ent-kaurene synthases in *Bradyrhi-zobium japonicum*[J]. FEBS Lett, 2009, 583 (2):475 - 480.

[5] Tudzynski B, Mihlan M, Rojas MC, et al. Characterization of the final two genes of the gibberellin biosynthesis gene cluster of *Gibberella fujikuroi*[J]. J Biol Chem, 2003, 278 (31):28635 - 28643.

[6] 谈心，马欣荣.赤霉素生物合成途径及其相关研究进展[J].应用与环境生物学报，2008(4)：571—577.

[7] Graeber K, Linkies A, Steinbrecher T, et al. Delay of germination 1 mediates a conserved coat-dormancy mechanism for the temperature and gibberellin-dependent control of seed germination[J]. Proc Natl Acad Sci USA, 2014, 111 (34):E3571 - E3580.

[8] Qin F, Kodaira K S, Maruyama K, et al. SPINDLY, a negative regulator of gibberellic acid signaling, is involved in the plant abiotic stress response [J]. Plant Physiol, 2011, 157 (4):1900 - 1913.

[9] Wang W, Zhang J, Qin Q, et al. The six conserved serine/threonine sites of REPRESSOR OF ga1 - 3 protein are important for its functionality and stability in gibberellin signaling in Arabidopsis [J]. Planta, 2014, 240 (4):763 - 779.

[10] González A, Contreras R A, Zúiga G, et al. Oligo-car-rageenan kappa-

induced reducing redox status and activation of TRR/TRX system increase the level of indole-3-acetic acid, gibberellin A_3 and trans-zeatin in *Eucalyptus globulus* trees[J]. Molecules, 2014, 19 (8):12690 - 12698.

[11] 吴建明,陈荣发,黄杏,等.高等植物赤霉素生物合成关键组分 GA20 - oxidase 氧化酶基因的研究进展[J].生物技术通报,2016,32(7):1—12.

[12] Li Q F, Wang C, Jiang L, et al. An interaction between BZR1 and DELLAs mediates direct signaling crosstalk between brassinosteroids and gibberellins in Arabidopsis[J]. Sci Signal, 2012, 224 (5):ra72.

[13] Araújo W L, Martins A O, Fernie A R, et al. 2 - Oxoglutarate: linking TCA cycle function with amino acid, glucosinolate, flavonoid, alkaloid, and gibberellin biosynthesis[J]. Plant Sci, 2014, 552 (5):1 - 6.

[14] Sun T P, Goodman H M, Ausubel F M. Cloning the Arabidopsis GA1 locus by genomic subtraction[J]. Plant Cell, 1992, 4:119 - 128.

[15] Sun T P, Kamiya Y. The Arabidopsis GA1 locus endodes the cyclase entkaurene synthetase A of gibberellin biosynthesis[J]. Plant Cell, 1994, 6:1509 - 1518.

[16] Bensen R J, Johal G S, Crane V C, et al. Cloning and characterization of the maize *An1* gene[J]. Plant Cell, 1995, 7:75 - 84.

[17] Ait-Ali T, Swain S M, Reid J B, et al. The LS locus of pea encodes the gibberellin biosynthesis enzyme ent-kaurene synthase A[J]. Plant J, 1997, 11:442 - 454.

[18] Phillips A L, Ward D A, Uknes S, et al. Isolation and expression of three gibberellin 20 - oxidase cDNA clones from Arabidopsis[J]. Plant Physiol, 1995, 108:1049 - 1057.

[19] 刘洁,李润植.作物矮化基因与 GA 信号转导途径[J].中国农学通报,2005(1):37 - 40.

[20] Carrera E, Jackson S D, Prat S. Feedback control and diurnal regulation of gibberellin 20 - oxidase transcript levels in potato[J]. Plant Physiol, 1999, 119:765 - 773.

[21] Chiang H H, Wang I, Goodman H M. Isolation of the Arabidopsis

GA4 locus[J]. Plant Cell, 1995, 7:195 - 201.

[22] Itoh H, Tanaka-Ueguchi M T, Kawaide H. The gene encoding tobacco gibberellin 3β - hydroxylase is expressed at the site of GA action during stem elongation and flower organ development[J]. Plant J, 1997, 20:15 - 24.

[23] Lange T, Robatzek S, Frisse A. Cloning and expression of a gibberellin 2β, 3β - hydroxylase c DNA from pumpkin endosperm[J]. Plant Cell, 1997, 9:1459 - 1467.

[24] Yamaguchi S. Gibberellin biosynthesis in Arabidopsis[J]. Phytochem Rev, 2006, 5:39 - 47.

[25] 彭辉，施天穹，聂志奎. 微生物发酵产赤霉素的研究进展[J]. 化工进展，2016,35 (11):3611 - 3618.

[26] Phillips A L, Ward D A, Uknes S, et al. Isolation and expression of three gibberellin 20 - oxidase cDNA clones from Arabidopsis[J]. Plant Physiol, 1995, 108:1049 - 1057.

[27] Cowling R J, Kamiya Y, Seto H, et al. Gibberellin dose-response regulation of GA4gene transcript levels in Arabidopsis[J]. Plant Physiol, 1998, 117:1195 - 1203.

[28] Martin D N, Proebsting W M, Parks T D, et al. Feedback regulation of gibberellin biosynthesis and gene expression in *Pisum sativum* L[J]. Planta, 1996, 200:159 - 166.

[29] Ait-Ali T, Frances S, Weller J L, et al. Regulation of gibberellin 20 - oxidase and gibberellin 3β - hydroxylase transcript accumulation during De-etiolation of pea seedlings[J]. Plant Physiol, 1999, 121:783 - 791.

[30] Scott I M. Plant hormone response mutants[J]. Plant Physiol, 1990, 78:147 - 152.

[31] Hedden P, Kamiya Y. Gibberellin biosynthesis: enzymes, genes and their regulation[J]. Annu Rev Plant Physiol Plant Mol biol, 1997, 48:431 - 460.

[32] 彭金荣. 赤霉素与植物发育.植物发育的分子机理[M]. 北京:科学出版社,1997,162—171.

[33] Hedden P, Proebsting W M. Genetic analysis of gibberellin biosynthesis[J]. Plant Physiol, 1999, 119:365 - 370.

[34] Wu K, Li L, Gage D A, Zeevaart J A D. Molecular cloning and photoperiod-regulated expression of gibberellin 20 - oxidase from the long-day plant spinach[J]. Plant Physiol, 1996, 110:547 - 554.

[35] Xu Y L, Gage D A, Zeevaart J AD. Gibberellins and stemgrowth in *Arabidopsis thaliana*: effects of phpto period on expression of the GA4 and GA5loci[J]. Plant Physiol, 1997, 114:1471 - 1476.

[36] Toyomasu T, Tsuji H, Yamane H, et al. Light effects on endogenous levels of gibberellins in photoblastic lettuce seeds[J]. J Plant Growth Regul, 1993, 12:85 - 90.

[37]Lumbardo E J, Danheiser L. Chandrasekaran S, et.al. Stereospecific total synthesis of gibberellic acid A key tricyclic intermediate[J]. Am Chem Soc, 1978, 100(25):8031 - 8034.

[38] Yamaguchi S, Smith M W, Brown R G, et al. Phytochrome regulation and differential expression of gibberellin 3beta-hydroxylase genes in germinating Arabidopsis seeds[J]. Plant Cell, 1998, 10(12):2115 - 2126.

[39] Lumbardo L, Mander L N, Turner J V. General strategy for gibberellin synthesis: total syntheses of (±)- gibberellin A_1 and gibberellic acid[J]. Am Chem Soc,1980, 102(21):6626 - 6628.

[40] Toyota M, Yokota M, Ihara M.Remarkable control of radical cyclization processes of cyclicEnyne: total syntheses of (±)- methyl gummiferolate, (±)- methyl 7β - hydroxykaurenoate, and (±)- methyl 7 - oxokaurenoate and formal synthesis of (±)- gibberellin A12 from a common synthetic precursor[J]. Am Chem Soc, 2001, 123:1856 - 1861.

[41] Jiang K, Shimotakahara H, Luo M, et al. Chemical screening and development of novel gibberellin mimics[J]. Bioorg Med Chem Lett, 2017(27): 3678 - 3682.

[42] Tian H, Xu Y, Liu S, et al. Synthesis of gibberellic acid derivatives

and their effects on plant growth[J]. Molecules, 2017, 22(5):694.

[43] 张晓莹,宋长年,房经贵,等.赤霉素的生物合成及其在葡萄栽培上的应用[J].浙江农业科学,2011 (5) :1015—1018.

[44] Zhao H, Dong J, Wang T. Function and expression analysis of gibberellin oxidases in apple[J]. Plant Mol Bio Rep, 2010,28(2):231-239.

[45] 孟祥红,王建波,利容千.光敏胞质不育小麦花药发育过程中 GA_{1+4} 分布的免疫电镜研究[J]. 中国农业科学,2002,35(6):596—599.

[46] King R W, Moritz T, Evans L T, et al. Long-day induction of flowering in Lolium temulentum involves sequential increases in specific gibberellins at the shoot apex[J]. Plant Physiol, 2001, 127:624-632.

[47] Yamauchi Y, Ogawa M, Kuwahara A, et al. Activation of gibberellin biosynthesis and response pathways by low temperature during imbibition of *Arabidopsis thaliana* seeds[J]. Plant Cell, 2004, 16:367-378.

[48] Hedden P, Phillips A L. Gibberellin metabolism: new insights revealed by the genes[J]. Trends Plant Sci, 2000, 5:523-530.

[49] Olszewski N, Sun T P, Gubler F. Gibberellin signaling: bio-synthesis, catabolism, and response pathways[J]. Plant Cell, 2002, 14 (Suppl.):61-80.

[50] Matsushita A, Furumoto T, Ishida S, et al. AGF1, an AT-hook protein, is necessary for the negative feedback of At-GA3ox1encoding GA 3-oxidase[J]. Plant Physiol, 2007, 143:1152-1162.

[51] Phillips A L, Ward D A, Uknes S, et al. Isolation and expression of three gibberellin 20-oxidase cDNA clones from Arabidopsis[J]. Plant Physiol, 1995, 108:1049-1057.

[52] Xu Y L, Li L, Gage D A, et al. Feedback regulation of GA5 expression and metabolic engineering of gibberellin levels in Arabidopsis[J]. Plant Cell, 1999, 11:927-936.

[53] Yamaguchi S, Smith M W, Brown R G, et al. Phytochrome regulation and differential expression of gibberellin 3β-hydroxylase genes in germinating Arabidopsisseeds[J]. Plant Cell, 1998,10:2115-2126.

[54] Thomas S G，Phillips A L，Hedden P. Molecular cloning and functional expression of gibberellin 2 - oxidases，multifunctional enzymes involved in gibberellin deactivation[J]. Proc Natl Acad Sci USA，1999，96:4698 - 4703.

[55] Ueguchi-Tanaka M，Ashikari M，Nakajima M，et al. Gibberellin insensitive dwarf1 encodes a soluble receptor for gibberellin[J]. Nature，2005，437:693 - 698.

[56] Sasaki A，Itoh H，Gomi K，et al. Accumulation of phosphorylated repressor for gibberellin signaling in an F-box mutant[J]. Science，2003，299:1896 - 1898.

[57] Dill A，Sun T P. Synergistic derepression of gibberellin signaling by removing RGA and GAI function in *Arabidopsis thaliana*[J]. Genetics，2001，159:777 - 785.

[58] King K E，Moritz T，Harberd N P. Gibberellins are not required for normal stem growth in *Arabidopsis thaliana* in the absence of GAI and RGA[J]. Genetics，2001，159:767 - 776.

[59] Fukazawa J，Sakai T，Ishida S，et al. Repression of shoot growth，a b ZIP transcriptional activator，regulates cell elongation by controlling the level of gibberellins[J]. Plant Cell，2000，12:901 - 915.

[60] Ishida S，Fukazawa J，Yuasa T，et al. Involvement of 14 - 3 - 3 signaling protein binding in the functional regulation of the transcriptional activator repression of shoot growth by gibberellins[J]. Plant Cell，2004，16:2641 - 2651.

[61] Oh E，Yamaguchi S，Kamiya Y，et al. Light activates the degradation of PIL5 protein to promote seed germination through gibberellins in Arabidopsis[J]. Plant J，2006，47:124 - 139.

[62] García-Martinez J L，Gil J. Light regulation of gibberellin biosynthesis and mode of action[J]. J Plant Growth Regul，2002，20:354 - 368.

[63] Stavang J A，Lindgård B，Erntsen A，et al. Thermoperiodic stem elongation involves transcriptional regulation of gibberellin deactivation in pea[J]. Plant Physiol，2005，138:2344 - 2353.

[64] Stavang J A, Junttila O, Moe R, et al. Differential temperature regulation of GA metabolism in light and darkness in pea[J]. J Exp Bot, 2007, 58 (11):3061 - 3069.

[65] O'Neill D P, Ross J J. Auxin regulation of the gibberellin pathway in pea[J]. Plant Physiol, 2002, 130:1974 - 1982.

[66] Reid J B, Davidson S E, Ross J J. Auxin acts independently of DELLA proteins in regulating gibberellin levels[J]. Plant Signal Behav, 2011, 6 (3):406 - 408.

[67] Li H, Torres-Garcia J, Latrasse D. Plant-specific histone deacetylases HDT1/2 regulate gibberellin 2 - oxidase2 expression to control arabidopsis root meristem cell number[J]. Plant Cell, 2017, 9(29):2183 - 2196.

[68] 高琼,钮世辉,李伟,等. 低温胁迫对赤霉素代谢的调控研究[J].北京林业大学学报,2014,36(6):135—141.

[69] 胡召杉,巫有霞,杨在君,等. 四倍体矮秆小麦拔节期赤霉素合成途径中关键酶基因表达分析[J]. 种子,2016,35(1):1—5.

[70] 罗玲,于晓波,万燕,等. 套作大豆苗期倒伏与茎秆内源赤霉素代谢的关系[J]. 中国农业科学,2015,48(13):2528—2537.

第四章　典型植物生长调节剂的结构与合成

第一节　氨基寡糖素

一、氨基寡糖素种类与结构

氨基寡糖素，被誉为农业专用壳寡糖。其结构中富含碳、氮元素，在微生物的作用下分解，产物可作为植物生长发育的营养，满足植物生长的需要。由于生产技术的差异，可以按照形态分为液态和固态两种类别。

近年来，可以提高植物免疫力的寡糖引起了人们的广泛关注。寡糖可作为植物免疫系统的激活因子，促使植物细胞中过氧化氢酶（POD）、超氧物歧化酶（SOD）、苯丙氨酸解氨酶（PAL）活性增强，促使植物合成植保素，激发植物木质素的合成和积累，提高作物抗病性，同时又促进植物生长。

氨基寡糖素（壳寡糖）是指D-氨基葡萄糖以$\beta-1,4$糖苷键连接的低聚糖，结构式如图4-1所示。通常使用特殊的生物酶降解虾蟹壳中的壳聚糖生产氨基寡糖产品，也有使用化学降解、微波降解的报道。降解得到的低聚糖聚合度为2～20，分子式$(C_6H_{11}O_4N)_n$（$n\geqslant2$）（图4-1），分子量≤3 200 Da，是水溶性较好、功能作用大、生物活性高的低分子量产品。由于氨基寡糖素具有较高的溶解度，能完全溶解于水，有利于植物吸收利用，是自然界中唯一带正电荷的阳离子碱性氨基低聚糖，具有动物性纤维素等许多特性，氨基寡糖素的生物活性比壳聚糖高14倍。

二、氨基寡糖素的合成

1. 氨基寡糖素的化学合成

(1) 氨基寡糖素酸解法

酸解法所用的酸主要有盐酸（HCl）、硫酸（H_2SO_4）、氢氟酸（HF）和硝酸（HNO_3）

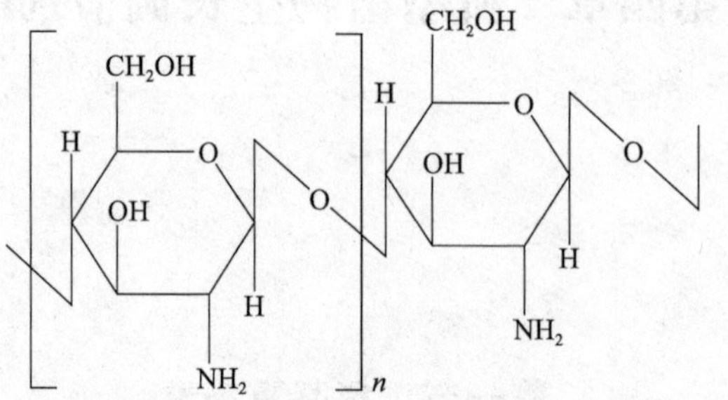

图 4-1　氨基寡糖素结构式

等。实验室酸解法制备氨基寡糖素通常以一定量的壳聚糖粉末为原料，在酸性环境中，加热分解壳聚糖，获得壳寡糖。具体过程如下：取一定质量的壳聚糖粉末，加到对应体积的1.2%稀乙酸溶液中在室温下不断搅拌，直至壳聚糖粉末成凝胶状。再加入一定体积的浓盐酸，均匀混合，并使得悬浮液最终的盐酸浓度为11 mol/L，壳聚糖的质量分数为2%。设置恒温水浴温度为70 ℃，振荡速度为150 r/min，加热搅拌悬浮液。每隔一定时间取出反应溶液，用冰浴停止反应。减压蒸发反应液中过量的盐酸，用适量去离子水溶解剩余物，重复上述步骤。直至最终产物溶解在去离子水中。在过程中，不断加入2 mol/L的NaOH，调pH值至6.5。在10 000 r/min下离心10 min后取出上部清液，初步得到氨基寡糖素的粗品。后续可通过薄层层析法来分析氨基寡糖素的生成情况。具体方法如下：配制异丙醇-水-氨水薄层色谱展开剂，3种试剂的体积比为15.0∶1.0∶7.5。用取样针吸取上述粗品，在硅胶板上点样，并在经上述配制好的展开剂活化后展开。配制香草醛-硫酸-水显色剂，3种试剂的比为1∶12∶88(w∶V∶V)。取出样品展开后的硅胶板，用上述配制好的显色剂浸润硅胶板，在175 ℃下加热10 min进行显色，然后可以对氨基寡糖素做进一步的定量分析。

酸解法制备氨基寡糖素的过程往往需要高温、高压等反应条件，这在一定程度上增加了反应条件的苛刻性，使得酸解法工业化生产过程中面临对设备要求较高、反应过程难以控制等一系列问题。除此之外，酸解法在制备过程中需要大量的酸性溶液,同时还会消耗一些化学试剂。酸性溶液具有腐蚀性,容易腐蚀设备从而加快设备的老化,增加设备的维护成本;为了避免环境污染,过程中用到的一些化学试剂必须进行后处理。这些问题使得酸解法制备氨基寡糖素应用于工业生产受到了限制[1],制备成本较高,不利于大面积推广生产。刘晓等使用盐酸法水解壳聚糖、低聚氨基葡萄糖和氨基葡萄糖时发现,在100 ℃、氩气保护条件下,盐酸在水解氨基葡萄糖聚糖的同时,对所生成的单糖分子结构有较强的破坏作用,盐酸浓度和底物聚合度对产物——单糖的产率影响较大;低浓度的盐酸对氨基葡萄糖分子结构破坏较小,同时对低聚氨基葡萄糖、壳聚糖的水解效果也较差[2]。不仅如此,酸解法在产物分离纯化的过程中,还需要借助离子交换树脂除去其中的离子杂质,工艺复杂,后处理麻烦,进一步加大了这一工艺应用成本。这些都表明用酸解法工业化生产氨基寡糖素存在诸多限制,不利于生产的进一步发展。

(2) 氨基寡糖素 H_2O_2 降解法

H_2O_2 降解法是目前规模化生产中最常用的工艺。用低浓度的 H_2O_2 来氧化降解稀醋酸溶液中的壳聚糖,得到各种聚合度氨基寡糖素的混合溶液,其中的单糖可使用乙醇分级沉淀法除去,然后进行真空干燥获得氨基寡糖素产品。过程中使用的乙醇用旋转蒸发进行回收利用。在 H_2O_2 氧化降解壳聚糖过程中,H_2O_2 氧解壳聚糖后,转变为水和氧气,没有其他副产物。此方法制得的产品易分离纯化,分离纯化所使用的乙醇来源广泛,并且可以循环利用。相比于酸解法反应废液的处理简单,对环境污染小。邵健等用 H_2O_2 氧化降解壳聚糖试验中发现,无须外加酸(酸性环境下 H_2O_2 氧化性更强),在中性环境下 H_2O_2 就可以高效降解壳聚糖[3]。但 H_2O_2 氧化降解壳聚糖仍有缺陷:H_2O_2 氧化降解壳聚糖过程中极易发生羰氨反应引起褐变现象[4],影响产品的色泽和纯度,增加了分离提纯的难度。

综上所述,将酸解法和 H_2O_2 降解法相比较,可以发现后者具有明显优势。H_2O_2 氧化法对反应容器、反应压力等要求较小,后续对环境污染小,较酸解法更易应用生产。由于 H_2O_2 氧化法实践过程中易发生褐变现象,如能处理好最终产品的色泽问题,该种方法也可用于小规模的氨基寡糖素的生产。

(3) 氨基寡糖素的合成法

合成法制备氨基寡糖素是在化学合成的基础上发展出来的一种常规的制备方法。使用这种方法制备氨基寡糖素时,由于其分子结构的特殊性需要考虑分子结构上多种基团的保护和去保护等反应步骤，所以整个过程中试剂的使用量也较多，这也加大了制备成本以及后处理过程中对废液处理的难度。

虽然化学合成法制备氨基寡糖素能够获得纯化合物，但是现有的多数方法都存在着许多弊端，而且这种方法也不能获得其他寡糖物质。Kuyama 等用苯二甲酰亚胺基作氨基保护基团，将氨基葡萄糖单体合成为完全脱乙酰化的壳聚糖十二聚体[5]。Aly 等报道了一种合成完全氨基寡糖素的方法：以二甲基顺丁烯二酰基作氨基保护基团，用氨基葡萄糖单体合成壳四糖和壳六糖，再除去氨基保护基团，对某一点进行 *N*-乙酰化作用以获得目标产物[6]。理论上，可以结合这两种方法合成氨基寡糖素，但是这种方法目前也只停留在实验室制备的基础上，工业化生产的应用还存在许多挑战。

Trombotto 等通过化学法用完全脱乙酰化的高分子量壳聚糖制备氨基寡糖素[7]。先用 HCl 降解壳聚糖得到完全脱乙酰化寡糖，再经过选择沉淀和超滤法分离得到聚合度 2～12 的氨基寡糖素的混合物；再用适量乙酸酐与寡糖反应使其部分乙酰化并达到预期的目标产物。以这种方法制备可以成功获得聚合度为 2～12 的壳寡糖组分。但很显然这种方法的缺点在于获得的氨基寡糖素并不均一。

综上所述，合成法制备氨基寡糖素从很大程度上受到合成工艺及聚合度等要求的制约。这种方法的缺点比较突出，单是反应环境苛刻这一问题就限制了其发展。当然随着现在绿色化学研究技术的不断发展，合成法制备氨基寡糖素肯定也能慢慢地得到更好的发展。

2. 氨基寡糖素的生物合成

生物合成方法中的酶解法就是利用酶来降解壳聚糖。酶解法反应条件温和，在常温常压下就可以进行，反应过程容易控制，反应具有专一性，几乎无副反应，得到的产品聚合度比较集中，仅需少量的化学试剂，绿色高效污染小。酶催化反应具有选择性，特异性酶切断壳聚糖的 β-(1,4)-糖苷键的作用位点，可以获得特定聚合度的壳寡糖[8]。与酸解法和 H_2O_2 氧化法相比，酶解法能够获得聚合度一致的壳寡糖，副反应少、分离纯化的复杂性大大降低。这些优点使得酶解法成为制备氨基寡糖素的最优选择，对于酶解法的研究，包括相关的产酶微生物、酶的特性以及相关酶的生物学等方面的研究也正变得越来越多。

酶解法制备氨基寡糖素(农用壳寡糖)所用的酶分为专一性酶和非专一性酶。专一性酶是指只作用于壳聚糖的酶,这类酶只识别壳聚糖的 β-(1,4)-糖苷键,并将其切断,从而获得特定分子量的壳寡糖[9]。已经发现的专一性壳聚糖酶主要集中在芽孢杆菌属(*Bacillus*)、链霉菌属(*Streptomyces*)等类别的微生物中。Perkins 等分离蜂房芽孢杆菌中产生的壳聚糖酶,并用来水解壳聚糖[10]。由芽孢杆菌分离得到的壳聚糖酶是一种专一性壳聚糖酶,只降解壳聚糖,对于纤维素等其他多糖没有催化分解作用。降解获得的壳寡糖分子量较小且均一性较好。Takiguchi 用芽孢杆菌属 *Bacillus* sp.7 产生的壳聚糖酶降解壳聚糖,壳聚糖最后酶解得到的寡糖聚合度为 2~5,并且在产物中没有发现单糖[11]。Shimai 将一种专一性壳聚糖酶分离提纯后,放入膜反应器中来生产氨基寡糖素,实现了酶催化反应的连续化[12]。反应所得产物分离后,发现所得产物均一性非常好,聚合度为 5 的寡糖含量在 92.3%以上。

专一性壳聚糖酶还需要更多的研究。目前发现的专一性壳聚糖酶活性不高,催化效率低,这是制约酶解法制备壳寡糖应用于工业生产的关键因素。利用基因工程技术获得专一性壳聚糖酶 DNA 序列,用以构造能够高效生产专一性壳聚糖酶的工程菌已成为近年来的研究热点[13]。

非专一性酶是指不仅能催化降解壳聚糖,还能催化降解其他多糖的酶。这一类的酶对壳聚糖的降解效率不高,而且降解程度也很低[14],一般很少采用非专一性酶来降解壳聚糖。能够降解壳聚糖的非专一性酶种类丰富,包括纤维素酶[15]、果胶酶[16]、蛋白酶[17,18]、脂肪酶、淀粉酶、半纤维素酶[19]等 30 多种类型的酶。有些非专一性酶的作用方式与专一性酶有着很大区别。例如,溶菌酶对降解的底物有特别的要求,不能作用于脱乙酰度在 95%以上的壳聚糖[21];Muzzarelli 等对木瓜蛋白酶的作用位点进行了分析,发现木瓜蛋白酶会优先降解聚合度较低的壳聚糖分子,进一步研究发现,木瓜蛋白酶只能切断壳聚糖分子两端的 β-(1,4)-糖苷键[22]。这样的作用方式使得木瓜蛋白酶降解聚合度较高的壳聚糖分子时速率很低。在这些非专一性酶中,蛋白酶、脂肪酶、淀粉酶和纤维素酶对壳聚糖的分解速率相对较快,甚至一些已经应用于工业生产。由于非专一性壳聚糖酶的活性不高,即使使用较高浓度的酶,也难以获得理想的生产速率[20],所以非专一性壳聚糖酶一般不单独使用,而是与其他方法结合使用。

综上所述，当只有专一性酶或非专一性酶用来降解壳聚糖时，整个降解过程中降解效率会受到酶的限制。这可能是因为整个降解过程反应体系中的pH值变化会使酶活性发生变化，同时，酶解时间、酶解温度等都会影响降解效率和最终降解结果。为了克服这一问题，科研人员想到了另外一种酶的降解方法，即复合酶解法，将各种酶按比例配合，利用各种酶的协同或互补效应，克服单一酶催化能力有限的问题，进一步提升对壳聚糖的降解程度[23]。夏文水等的研究发现，单一使用葡萄糖酶或脂肪酶来降解壳聚糖时，效果均不理想，但使用两者组成的复合酶，降解效率得到明显提升[24]。

第二节　细胞分裂素

一、细胞分裂素种类与结构

细胞分裂素(cytokinin,CTK)是一类促进细胞分裂，促进组织分化和生长的植物激素。植物的生长方式可以是单个细胞的伸长也可以是细胞的分裂。促进植物生长的激素有生长素、赤霉素和细胞分裂素等，前两者的主要作用是促进细胞的伸长，后者则主要促进细胞的分裂。

天然细胞分裂素可分为两类：一类为游离态细胞分裂素，除最早发现的玉米素(zeatin, ZT)外，还有玉米素核苷(zeatin riboside)、二氢玉米素(dihydrozeatin, diHZ)、异戊烯基腺嘌呤(isopentenyladenine, iP)等；另一类为结合态细胞分裂素，有异戊烯基腺苷(isopentenyladenosine, iPA)、甲硫基异戊烯基腺苷、甲硫基玉米素等，它们结合在tRNA上，是构成tRNA的组成成分。

细胞分裂素的结构与腺嘌呤相似(图4－2)，它们的差异在于腺嘌呤第2位是碳原子，第6位和9位是氮原子，而细胞分裂素在这些位置都是氢原子。常见的人工合成的细胞分裂素有：激动素(KT)、6－苄氨基嘌呤(6－BA)和四氢吡喃苄氨基嘌呤(PBA)等。其中KT和6－BA的应用最为广泛，主要应用于农业和园艺上。

腺嘌呤结构并非细胞分裂素的必须结构，如二苯脲(diphenylurea)与腺嘌呤结构差异较大，但仍具有诱导植物组织细胞分裂的活性。

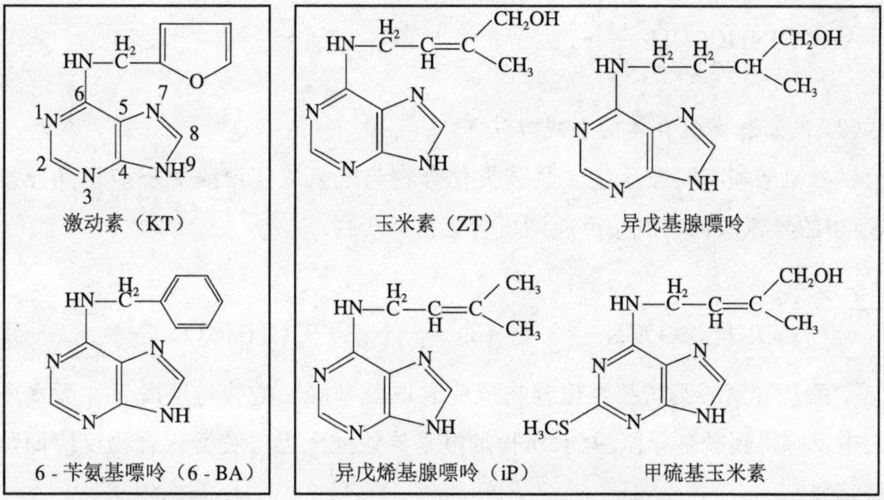

激动素（KT）　　玉米素（ZT）　　异戊基腺嘌呤

6-苄氨基嘌呤（6-BA）　　异戊烯基腺嘌呤（iP）　　甲硫基玉米素

人工合成的细胞分裂素　　天然细胞分裂素

图 4-2　细胞分裂素结构式

二、细胞分裂素的合成

1. 细胞分裂素的化学合成

(1) 1,3,4-噻二唑类化合物的合成方法

a. 从氨基硫脲及其类似物出发制备。

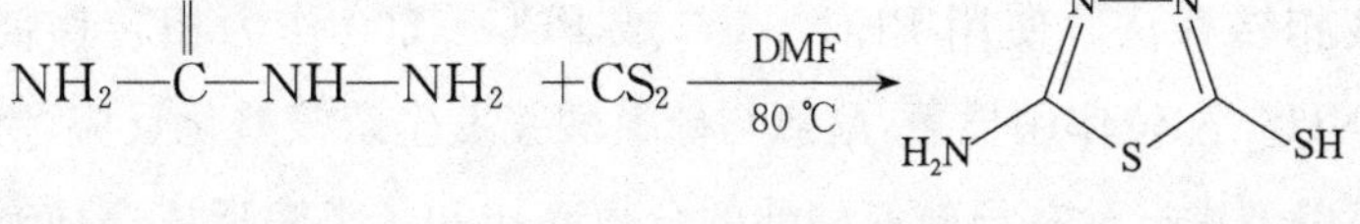

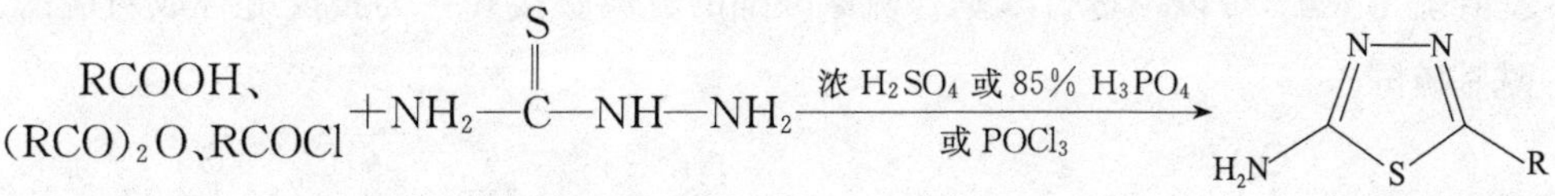

$$NH_2-C(=S)-NH-NH_2 + CS_2 \xrightarrow[80\ ℃]{DMF}$$ 2-氨基-5-巯基-1,3,4-噻二唑（H_2N、SH）

$$\begin{matrix}RCOOH、\\(RCO)_2O、RCOCl\end{matrix} + NH_2-C(=S)-NH-NH_2 \xrightarrow[或\ POCl_3]{浓\ H_2SO_4\ 或\ 85\%\ H_3PO_4}$$ 2-氨基-5-R-1,3,4-噻二唑（H_2N、R）

b. N,N'-二酰肼与 P_2S_5 反应制备。

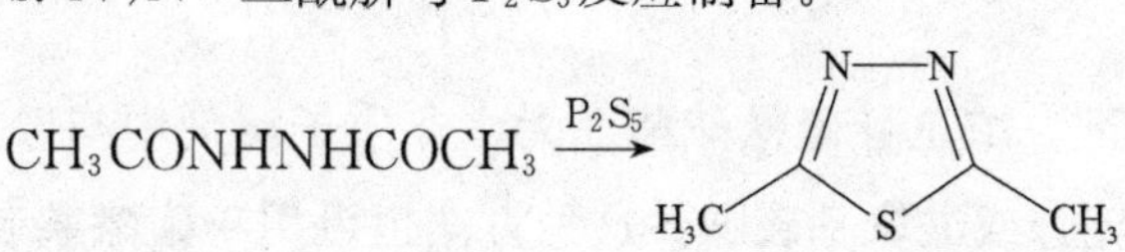

$$CH_3CONHNHCOCH_3 \xrightarrow{P_2S_5}$$ 2,5-二甲基-1,3,4-噻二唑（H_3C、CH_3）

c. 通过 Schiff 碱制备。

$$ArCHNNHCSNH_2 \xrightarrow{Fe^{3+}} \text{Ar-(1,3,4-噻二唑)-}NH_2$$

(2) 酰基脲类化合物的合成方法

a. 异氰酸酯与酰胺反应。酰胺类化合物与酰氯或三聚酰氯反应得到异氰酸酯,所得的异氰酸再与酰胺反应即可合成目标产物。

$$\text{2-Cl-}C_6H_4\text{-}CONH_2 + OCN\text{-}C_6H_4\text{-}Cl \longrightarrow \text{2-F-}C_6H_4\text{-}CONHCONH\text{-}C_6H_4\text{-}Cl$$

b. 酰基异氰酸酯与胺类化合物反应制取酰基脲。酰胺与草酰氯在无水质子溶剂中反应得到酰基异氰酸酯,所得的酰基异氰酸酯再与胺类化合物反应即可合成酰基脲。

$$\text{2,6-}F_2C_6H_3\text{-}CONCO + H_2N\text{-}C_6H_4\text{-}Cl \longrightarrow \text{2,6-}F_2C_6H_3\text{-}CONHCONH\text{-}C_6H_4\text{-}Cl$$

c. 取代脲法。取代芳胺乙酸盐先与氰酸钾反应制得取代芳基脲,再与芳酰氯反应。如:

$$Br\text{-}C_6H_4\text{-}NH_2 \cdot HAc + KOCN \longrightarrow Br\text{-}C_6H_4\text{-}NHCONH_2$$

$$Br\text{-}C_6H_4\text{-}NHCONH_2 + Cl\text{-}C_6H_4\text{-}COCl \longrightarrow Cl\text{-}C_6H_4\text{-}CONHCONH\text{-}C_6H_4\text{-}Br$$

(3) 酰基硫脲类化合物的合成方法

a. 采用固-液相转移法。使用 PEG-400 或 PEG-600 作为相转移催化剂(PTC),PTC 对 NH_4^+ 配位作用显著,酰氯与硫氰酸铵发生亲核酰化反应,制得酞基异硫氰酸酯,可以不进行酞基异硫氰酸酯的分离直接和各类胺反应合成对应的酰基硫脲。

$$\text{Ar-(呋喃-2-基)-}\overset{O}{\overset{\|}{C}}\text{-NCS} + Ar\text{-}NH_2 \xrightarrow{PTC/CH_2Cl_2} \text{Ar-(呋喃-2-基)-}\overset{O}{\overset{\|}{C}}\text{-}\overset{H}{N}\text{-}\overset{S}{\overset{\|}{C}}\text{-}\overset{H}{N}\text{-Ar}$$

b. 采用干燥的非质子溶剂。酰基异硫氰酸酯在无水非质子溶剂中与胺或肼类化合物可合成对应的酰基硫脲或酰氨基硫脲。这种方法也可用于磺酰基硫脲、磷酰基硫脲的合成。

$$Ar\text{—}CONCS + (\text{4-amino-2-methyl-3,4-dihydroquinoline}) \longrightarrow (\text{4-}[HN\text{—}C(=S)\text{—}NH\text{—}C(=O)\text{—}Ar]\text{-2-methyl-3,4-dihydroquinoline})$$

c. 微波辐射法。芳基甲酰肼和硫氰化钾(KSCN)溶解于水,调节 pH 值至呈酸性,对溶液进行微波辐射,可生成芳甲酰氨基硫脲。该方法具有反应速率快,转换率高,无须搅拌等优点。

$$Ar\text{—}\overset{O}{\overset{\|}{C}}\text{—}NH\text{—}NH_2 + KSCN \xrightarrow[\text{微波辐射}]{HCl-H_2O} Ar\text{—}\overset{O}{\overset{\|}{C}}\text{—}NH\text{—}NH\text{—}\overset{S}{\overset{\|}{C}}\text{—}NH_2$$

2. 细胞分裂素的生物合成

植物合成细胞分裂素有两种方式:一种是 tRNA 分解,另一种是直接合成。

(1) tRNA 分解

细胞分裂素是 tRNA 的成分之一,分解 tRNA 合成细胞分裂素是理论上最可行的途径之一。Mok 等观察发现植物细胞可以分解 tRNA 获得顺式玉米素,在顺反异构酶的作用下其构型发生转换,生成具有高诱导细胞分裂活性的反式玉米素(ZMP)[25]。然而 tRNA 代谢速率很低,无法满足植物大量合成细胞分裂素的需要。这表明植物合成细胞分裂素还存在其他途径,tRNA 途径并非主要途径。

(2) AMP 途径

在 AMP 途径中,二甲基丙烯基二磷酸(DMAPP)上的异戊烯基基团在 DMAPP:在 AMP 异戊烯基转移酶的催化下转移到 AMP 的 N6 位上,生成异戊烯基腺苷-5′-磷酸(iPMP)和异戊烯基腺苷(iPA)。

(3) ATP/ADP 途径

在拟南芥中发现了一种与 AMP 途径相似的途径:以 ATP、ADP 作为底物,在 At IPT4 酶的催化下转化为异戊烯基腺苷-5′-三磷酸(iPTP)和异戊烯基腺苷-5′-二磷酸(iPDP),然后 iPTP 和 iPDP 羟基化转化成反式玉米素。与 AMP 途径不同的是,ATP /ADP 途径中,优先使用的是生物体内能量更高的 ATP/ADP。这是 At IPT4 酶与 IPT 酶对底物选择性的差异的结果。

(4) 旁路途径

随着研究的深入,研究人员发现拟南芥中存在一个不依赖于已有的 iPMP 的途径[26]。由二甲基丙烯基二磷酸(DMAPP)和 AMP 直接合成 iPMP,iPMP 再羟基化为反式玉米素核苷磷酸(ZMP)。

第三节　脱落酸

一、脱落酸种类与结构

脱落酸(abscisic acid, ABA)是以异戊二烯为基本单位的倍半萜羧酸,化学名称为 5-(1′-羟基-2′,6′,6′-三甲基-4′-氧代-2′-环已烯-1′-基)-3-甲基-2-顺-4-反-戊二烯酸,英文化学名称为 5-(1′hydroxy-2′,6′,6′-tr; methy-4′-oxo-2′-cyclohexen-1′-yl)-3-methyl-2-*cis*-4-*trans*-pentadienoic acid,分子式为$C_{15}H_{20}O_4$,分子量为 264。脱落酸结构式如图 4-3 所示。

脱落酸结构中有一个手性碳原子(1′位),存在旋光异构体。天然脱落酸为 R 构型,熔点 160～161 ℃,标志位(*S*)-ABA 或(+)-ABA。化学合成的 ABA 是一种外消旋混合物,含相等数量的(+)-ABA 与(−)-ABA[或以(*R*)-ABA 表示],熔点为 190 ℃。

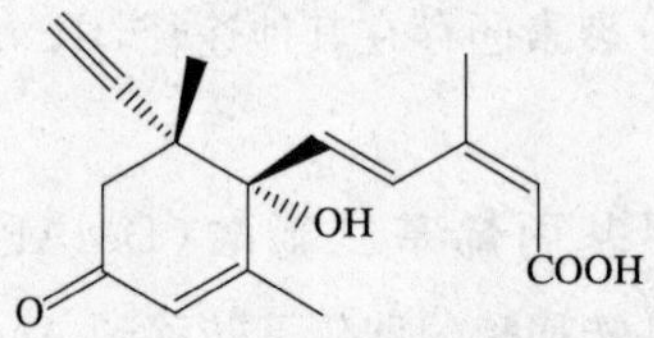

(+)-ABA 的分子结构示意图

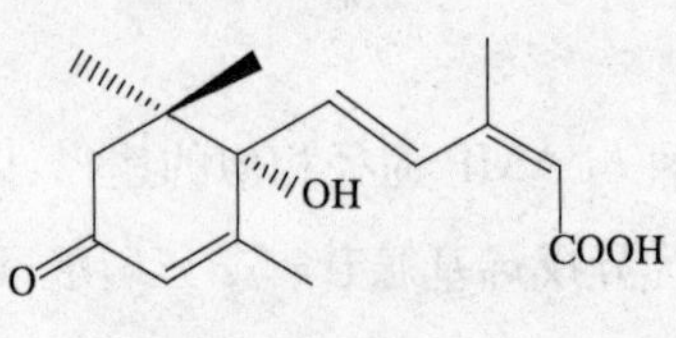

(−)-ABA 的分子结构示意图

图 4-3　脱落酸结构式

(+)- ABA 与(−)- ABA 2 种异构体对涉及蛋白质合成的慢反应(>30 min)如抑制生长等具有类似活性,但对如气孔关闭等快反应(<5 min),仅(+)- ABA 具生理活性,(−)- ABA 没有活性。天然 ABA 与化学合成 ABA(外消旋 ABA)的作用效果也存在差异。(+)- ABA 可完全抑制花芽形成,但(±)- ABA 即使在高浓度下也不出现花芽完全抑制现象。(+)- ABA 兼有快速效应与缓慢效应,而(−)- ABA 只有缓慢效应。目前,尚未发现在植物体内这 2 种异构体能互相转化。

天然脱落酸为白色结晶粉末,易溶于乙醇、丙酮、乙酸乙酯、三氯甲烷等,难溶于醚、苯等,水溶解度为 3～5 g/L(20 ℃)。脱落酸化学性质较稳定。在干燥、阴凉、避光处密封保存,2 年后检测发现成分变化不大。但其水溶液遇光易分解,这与脱落酸的生理作用存在一定契合。

脱落酸在农业生产上有广阔的应用前景,能产生巨大的经济效益和社会效益。但由于脱落酸需要特定的构型[(+)- *cis*, *trans* - ABA]才能具有活性,化学合成难度大,成本高。目前仅日本、美国等少数发达国家将其应用于大规模农业生产。

二、脱落酸的合成

1. 脱落酸的化学合成

a. 用铬酸叔丁酯氧化 α -紫罗兰酮得到中间体 1 -羟基- 4 -氧代- α -紫罗兰酮,再进行 Wittig 反应,产物使用手性色谱柱分离,碱性环境下水解生成脱落酸。

b. 由异佛尔酮异构化、环氧化、水解、氧化等步骤转化为氧化异佛尔酮,再与乙二醇形成缩酮,并与 3 -甲基- 4 -炔- 3 -烯戊醇加成后还原、氧化得到脱落酸。

c. α, β -不饱和醛和乙二醇形成缩酮,再使用间氯过氧苯甲酸(m - CPBA)氧化、进行 Reformatsky 反应,最后依次在强碱和强酸性条件下开环得到脱落酸。

2. 脱落酸的生物合成

大多数微生物是经甲羟戊酸(MVA)途径合成脱落酸的前体异戊烯基焦磷酸(isopentenyl pyrophosphate, IPP)与二甲基烯丙基焦磷酸(dimethylallyldiphosphate, DMAPP)[27—29]。随后的合成路径,不同的微生物虽有差别,却大同小异。典型的脱落酸的合成途径如图 4 - 4 所示。

糖类、脂质、蛋白质经一系列代谢后产生乙酰 CoA，其中一部分乙酰 CoA 进入 MVA 途径形成 IPP 与 DMAPP，在异戊烯基转移酶（isopentenyl transferases，IPT）和法尼基焦磷酸合酶（farnesyl diphosphate synthase，FPS）的作用下生成法尼基焦磷酸（farnesyl pyrophosphate，FPP）。FPP 可以直接合成 ABA 的初始骨架。研究发现，微生物中或许存在其他合成 ABA 骨架的途径[30]。在 ABA 发酵液中增加类胡萝卜素的浓度，可大大提升微生物生产 ABA 的效率。同时，有学者认为微生物中或许存在与高等植物类似的类胡萝卜素降解途径生成 ABA 骨架的途径。ABA 骨架经多步氧化后最终形成 ABA。

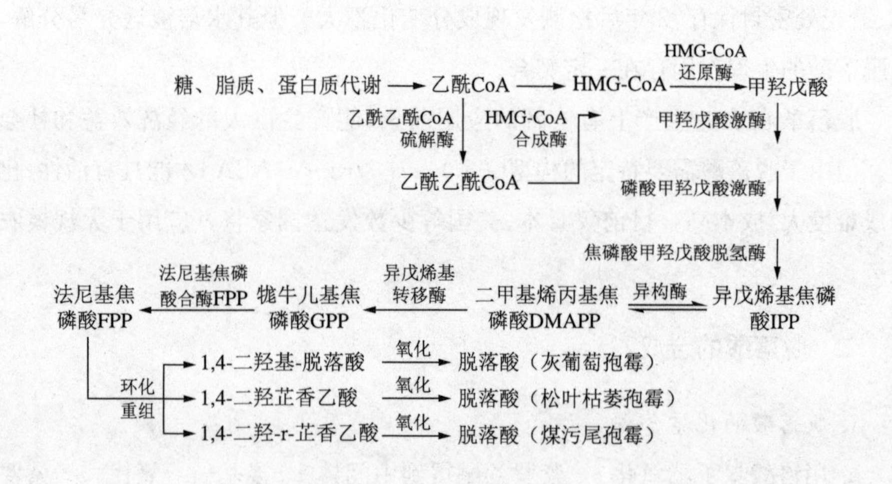

图 4-4　脱落酸合成途径

第四节　海藻寡糖素

一、海藻寡糖素种类与结构

海藻糖由 2 分子葡萄糖通过 1，1-糖苷键连接而成，是一种没有还原性的双糖。海藻糖 1，1-糖苷键的连接方式有 3 种，可以是 α,α、α,β 或 β,β。天然存在的仅有 α,α-1，1-海藻糖。1832 年，科学家在研究麦角病时首次发现了这种物质[31]。海藻糖普遍存在于酵母和真菌的孢子、子实体和营养细胞中，并且含量很高。例如，海藻糖占四孢子虫（*Neurospora tetrasperma*）子囊孢子干重的10%。同样，海藻糖以高浓度存在于面包酵母和啤酒酵母中。海藻糖也存在于高等植物中，例如，鳞叶卷柏和拟南芥。在一些细菌中也发现了海藻糖，例如，水链霉菌、土垢分枝杆菌。海藻糖也是一些细菌的细胞壁组成成分，例如结核分枝杆菌和棒状杆菌。在动物中也发现了海藻糖，主要存在于昆虫的血淋巴、幼虫或蛹中。海藻糖还可以作为储能物质。研究发现，昆虫在飞行时，体内海藻糖含量迅速下降[32]。海藻糖也在一些无脊椎动物中存在。其结构如图4－5所示。

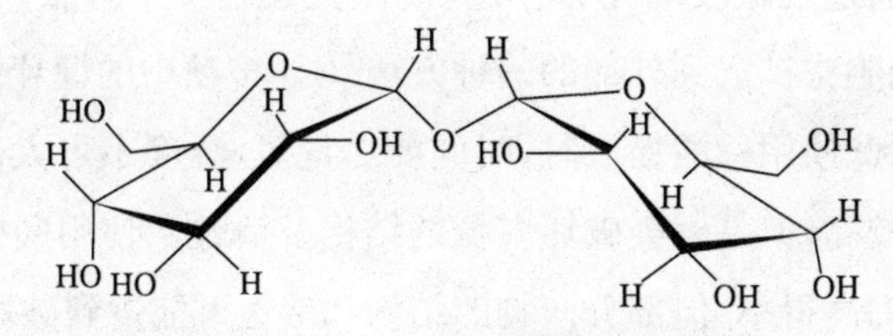

图4－5　α,α－1,1－海藻糖的结构式

二、海藻寡糖素的合成

1. 海藻寡糖素的化学合成

(1) 水提法

水提法是通过水加热使细胞发生质壁分离，水渗入细胞并溶解其中的多糖物质，然后再穿过细胞壁，扩散到细胞外部的一种方法[33]。海藻多糖结构中含有大量的极性基团——羟基，这使其在水中溶解度较大。因此，传统的水提法可用于海藻多糖的提取[34]。刘秋英等在研究藻类的抗肿瘤活性时，使用了水提法分别获取匍枝马尾藻和铜藻的多糖原料，发现提取效果较好，匍枝马尾藻多糖得率可达35.7%，铜藻多糖得率可达22.5%[35]。夏超等对水提法提取海藻多糖的工艺进行条件优化时，发现温度是其关键因素，80 ℃为最佳提取温度[36]。海藻多糖的工艺具有操作简单、成本低的优点，不足之处在于过程需要高温，且得率不高。

(2) 醇提法

醇提法是通过在水溶液中加入乙醇，降低溶液的介电常数，使一些在水中溶解度较大的糖溶解度降低并析出形成沉淀，从而分离水溶性多糖的一种方法。乙醇改变了溶剂的极性，水溶性小的多糖先析出，随着乙醇浓度的增加，溶解度较大的多糖也逐渐析出。可以利用不同的多糖在乙醇中溶解浓度的差异进行分步沉淀。与水提法相比，醇提法操作复杂，成本高，但醇提法特别适用于含有多种多糖的复杂体系分离。例如，中药提取中对五味子多糖、黄芪多糖等活性成分的分步提取。

(3) 酸碱提法

酸碱提法是通过酸碱液的充分作用，使藻类细胞吸水膨胀，导致细胞外壁破裂，多糖物质从细胞中扩散到外部的一种方法[37]。多糖中的糖苷键在酸性环境下加热容易断裂，因此使用稀酸提取时，时间要尽量短，温度不可太高。使用碱溶液提取时多糖得率较高，但是碱会破坏多糖的结构及活性。使用酸碱溶液代替水进行提取虽然可以提高得率，但部分产物的结构和活性可能遭到破坏。

2. 海藻寡糖素的生物合成

酶提法是使用特定的酶催化分解细胞外壁，增加细胞的通透性，使细胞内的多糖可以扩散到外部的一种方法[38]。对于海藻而言，细胞壁的主要成分是纤维素，可以选用纤维酶破坏其细胞壁。杨仙凌等使用纤维素酶酶解羊栖菜的细胞壁，并获取细胞内的多糖[39]。与水提法相比，酶提法产率提高了 7.41%，提取温度为 46.5 ℃，对加热的需求远小于水提法。刘敏等采用纤维素酶酶解紫菜的方法提取多糖，最佳条件为酶量 1.5%、温度 51 ℃、pH 值 5.0、时间 80 min，多糖得率为 19.46%[40]。酶提法反应条件温和，速率快，得率高，对产物的影响小，是目前动植物活性成分提取的首选方法之一。

参考文献:

[1] 马镝,吴元华,赵秀香.壳寡糖的制备、分离分析方法及在农业上的应用[J].现代农药,2007(2):1—5.

[2] 刘晓,石瑛,白雪芳.甲壳低聚糖的酸水解[J]. 中国水产科学,2003,10(1):69—72.

[3] 邵健,姚成.低聚氨基葡萄糖的吸湿、保湿和抑菌性质[J]. 中国海洋药物,2000,19(4):25—27.

[4] 韩永萍,林强.壳聚糖降解制备低聚壳聚糖和壳寡糖的研究进展[J].食品科技,2006(7):35—38.

[5] Kuyama H, Nakahara Y, Nukada T, et al. Stereocontrolled synthesis of chitosan dodecamer[J]. Carbohydr Res, 1993,243:C1 - C7.

[6] Aly M R E, Ibrahim E S I, El Ashry E S H, et al. Synthesis of chitotetraose and chitohexaose based on dimethylmaleoyl protection[J]. Carbohydr Res, 2001, 331:129 - 142.

[7] Trombotto S, Ladavière C, Delolme F, et al. Chemical preparation and structural characterization of a homogeneous series of chitin oligomers[J]. Biomacromolecules. 2008, 9:1731 - 1738.

[8] Kim S K, Rajapakse N. Enzymatic production and biological activities of chitosan oligosaccharides(COS): a review[J]. Carbohydr Polym, 2005, 62(4): 357 - 368.

[9] Abdel-Aziz S M, Moafi F E. Preparation of low molecular weight chitosan by extracellular enzymes produced by *Bacillus alvei* [J]. Appl Sci Res, 2008, 4(12):1755 - 1761.

[10] Perkins S J, Johnson L N, Phillips D C, et al. High-resolution H - 1 - NMR and C - 13 - NMR spectra of D - glucopyranose, 2 - acetamido - 2 - deoxy - D - glucopyranose, and related compounds in aqueous-media[J]. Carbohydr Res, 1977, 59(1):19 - 34.

[11] Takiguchi Y. Identification of a thermophilic bacterium producing *N*,

N - diaeceylthitobiose from chitin[J]. Agric Biol Chem, 1989, 53:1537 - 1554.

[12] Shimai. Enzymic preparation of high quality chitosan oligosaccharides[P]. JP05068580.1993 - 12 - 20.

[13] Xia W S h, Liu P, Liu J. Advance in chitosan hydrolysis by non-specific cellulases[J]. Bioresour Technol , 2008, 99:6751 - 6762.

[14] 平向莉,江波,张涛,等.纤维素酶制备壳寡糖工艺研究[J].食品工业科技,2011,32(7):263—266.

[15] Kittur F S, Vishu Kumar A B, Varadaraj M C, et al. Chitooligosaccharides-preparation with the aid of pectinase isozyme from *Aspergillus niger* and their antibacterial activity[J]. Carbohydr Res, 2005, 340(6):1239 - 1245.

[16] Roncal T, Oviedo A, de Armentia I L, et al. High yield production of monomer-free chitosan oligosaccharides by pepsin catalyzed hydrolysis of a high deacetylation degree chitosan[J]. Carbohydr Res, 2007, 342(18):2750 - 2756.

[17] 苏畅,夏文水,姚惠源.木瓜蛋白酶降解壳聚糖[J].无锡轻工大学学报,2002(2):112—115.

[18] Qin C, Du Y, Zong L, et al. Effect of hemicellulase on the molecular weight and structure of chitosan[J]. Polym Degrad Stability, 2003, 80:435 -441.

[19] 夏文水.酶法改性壳聚糖的研究进展[J]. 无锡轻工业大学学报,2001,20(5):550—554.

[20] 李治,刘晓非,杨冬芝,等.壳聚糖降解研究进展[J].化工进展,2000(6):20—23.

[21] 窦屾,廖永红,杨春霞,等.酶法降解壳聚糖及产物应用研究进展[J].食品工业科技,2011,32(12):537—543.

[22] Muzzarelli R A A, Tomasetti M, Ilari P. Deploymerization of chitosan with the aid of papain[J]. Enzyme Microb Technol,1994,16(2):110 - 114.

[23] 魏新林,夏文水.甲壳低聚糖的生理活性研究进展[J].中国药理学通报,2003,19(6):614— 617.

[24] 夏文水,吴焱楠. 甲壳低聚糖功能性质[J]. 无锡轻工业大学学报,1996,(4):297—302.

[25] Mok D W, Mok M C. Cytokinin metabolism and action[J]. Ann Rev Plant Physiol Plant Mol Biol, 2001, 52: 89 - 118.

[26] Astot C. An alternative cytokinin biosynthesis pathway[J]. Proc Natl Acad Sci USA, 2000, 97: 14778 - 14783.

[27] Nambara E, Marion-poll A. Abscisic acid biosynthesis and catabolism[J]. Ann Rev of Plant Biol, 2005, 56: 165 - 185.

[28] Oritani T, Kiyota H. Biosynthesis and metabolism of abscisic acid and related compounds[J]. Nat Prod Rep, 2003, 20(48): 414 - 425.

[29] Dong T, Park Y, Hwang I. Abscisic acid: biosynthesis, inactivation, homoeostasis and signalling[J]. Essays Biochem, 2015, 58: 29 - 48.

[30] 梁研,郑珩,吴亮,等.类胡萝卜素等物质对灰葡萄孢霉菌产脱落酸的影响[J].药物生物技术,2004(2):96—98.

[31] 周文娟,王月红,印佳慧,等. 食品医药化妆品行业添加剂的新宠-海藻糖[C]. 中药现代化新剂型新技术国际学术会议文集. 2006.

[32] 赵克非,戈林泉,程耀,等.三种杀虫剂对褐飞虱海藻糖含量和海藻糖酶活性的影响[J]. 昆虫学报,2011,54(7):786—792.

[33] 林英,曹松屹,曹冬煦,等.海带多糖提取方法研究进展[J].水产科技情报,2008(4):168—170.

[34] 洪泽淳,方晓弟,赵文红,等.海藻多糖的研究进展[J].农产品加工(学刊),2012(8):93—97.

[35] 刘秋英,孟庆勇,刘志辉.两种海藻多糖的提取分析及其体外抗肿瘤作用[J].广东药学院学报,2003(4):336—337.

[36] 夏超,刘媛,石金城,等.正交试验优选海藻粗多糖的提取工艺[J].中医药导报,2011,17(9):79—80.

[37] 黄小葳.多糖的非常规提取研究[J].北京联合大学学报(自然科学版),2011,25(1):59—63.

[38] 李波,宋江良,赵森,等.酶法提取香菇多糖工艺研究[J].食品科学,2007(9):274—277.

[39] 杨仙凌,刘鑫,蒋亚奇.响应面法优化海藻多糖的酶法提取工艺[J].中华

中医药学刊,2013,31(8):1794—1796.

[40] 刘敏,张淑平.响应面优化酶法提取紫菜多糖工艺研究[J].应用化工,2014,43(3):468—471.

第五章　典型植物生长调节剂的开发和应用

第一节　赤霉素产品的调控机制与开发

赤霉素是在植物正常生长发育过程中必不可少的一种激素，它可以促进细胞分裂，也可以促进植物不同生长时期的转化。这种转化包括种子休眠到发芽的转化、幼苗到成长植株的转化，还有营养生长到生殖生长的转化。赤霉素的使用可以调控种子休眠发芽，比如，曹巧林等在研究赤霉素浓度对沙枣种子发芽的影响时发现，不同的赤霉素浓度和浸种时间都会对沙枣种子发芽有不同程度的影响，且时间和浓度呈交叉影响，长时间的浸泡和使用高浓度的赤霉素都将会降低沙枣种子的发芽率[1]。赤霉素可以通过抑制相关氧化酶的活性而促进植物自身快速有效生长，比如，周相娟等就以香菜叶片为研究对象，对比研究 GA_3 和乙烯对叶片衰老的影响，最终结果表明 GA_3 处理过后的香菜叶片中的叶绿素、可溶性糖和蛋白质含量都明显增多，而经乙烯处理后的香菜叶片中叶绿素、可溶性糖和蛋白质含量均明显减少，这说明赤霉素是可以促进植物生长的[2]。赤霉素还可以通过调控植物生殖系统的生长，来促进植物生殖转化，比如，葛长军等在探究喷洒赤霉素对黄瓜雌性系不同诱雄时期的诱雄效果时就发现，在黄瓜的各个时期喷洒赤霉素都能够产生一定的诱雄效果[3]。由此可见，赤霉素在植物生长的各个时期都可以起到重要的作用，并通过控制相关基因的表达，促进植物细胞分裂，使植物更为高效地生长。

赤霉素在促进种子发芽的过程中，解除位于细胞核中的由糊粉层向胚乳分泌的 α -淀粉酶密码基因的抑制作用，激发诱导糊粉层中各种水解酶的活性（尤其是 α -淀粉酶）。

近些年来，关于赤霉素与其他信号分子之间相互作用的研究越来越多，许多研究者都提出了自己独特的看法，在一定程度上揭示了赤霉素在分子水平上的作用机制。刘永庆等研究指出，赤霉素是启动植物 DNA 复制的关键因素，而番茄种子胚根尖细胞的 DNA 复制对于其种子的萌发有着至关重要的作用[4]。赤霉素主要通过对信号转导后期各酶酶活的调控来控制赤霉素的生物合成，而赤霉素信号转导通路主要包括活性赤霉素分子的合成、赤霉素的感应、赤霉素信号的传导以及赤霉素的失活。赤霉素信号转导通路的主要组成部分是蛋白质 DELLA 与 GID1，DELLA 是 GRAS 家族的一个亚基，GID1 是赤霉素的受体，其中 DELLA 起到了关键调控作用。赤霉素含量过低会影响其与 GID1 的正常结合，此时 DELLA 蛋白的积累会被信号通路抑制，从而使植物的生长受到抑制。可以认为在非生物胁迫条件下，植物通过调控赤霉素分子的生物合成、代谢和信号转导，使其胁迫耐受性能得到提高[5]。

一、赤霉素的生物调控机制

1. 赤霉素信号途径的主要组分

如前文所述，赤霉素的调控机制主要是与 GA 信号转导通路有关，研究者通过遗传学的方法可以将与 GA 信号转导相关的组分分为正向作用因子（positively acting components）和反向作用因子（negatively acting components）。正向作用因子起正向调节作用，反向作用因子起负向调节作用。

(1) 正向作用因子

正向作用因子的发现主要是借助于遗传学技术，研究不同的生物体时，首先对基因表达、编码程序进行综合分析，随后才能找出其间许多起到正向调节作用的因子。比如 Sun 等在早年研究中就已经发现，GID2/SLY1 可能是泛素 E3 连接酶 SCF 复合体的 1 个亚基，也可能是水稻 GID2 和拟南芥 SLY1，即 *GA-insensitive drawf*2 和 *sleepy*1 两段基因编码高度同源的 F－box 蛋白[6]；而王孝民也在对拟南芥的研究中发现，功能获得型 SLY1－d 突变体可以增加 F－box 蛋白与 DELLA 的亲和性，这种改变可以降低 ELLA 蛋白水平，并且 SLY 直接作用于 DELLA 蛋白 RGA 和 GAI[7]。以上说明，GID2/SLY1 在 GA 诱导 DELLA 蛋白降解的过程中起关键的正向调节作用。

值得说明的是，正向作用因子有许多，在大多数情况下还会随着生物体的不同起到不一样的作用。比如李玉巧等在研究马铃薯的时候，发现一种正向作用因子 PHOR1，它在马铃薯的 GA 信号中起到正向调节作用[8]，而 Halden 在烟草中的研究同样发现了该正向作用因子，只是其在介导 DELLA 蛋白降解过程中的具体作用暂时还不明确[9]。

(2) 反向作用因子

到现在为止，研究发现 2 类反向作用因子：一类反向作用因子的特征是不和 DNA 结合的，比如拟南芥 SPY 蛋白和 DELLA 蛋白家族；另一类反向作用因子可以和启动子序列结合，如拟南芥锌指蛋白 SHI[10]。Jacobsen 等发现，*spy*（SPINDLY）基因突变在不同程度上可以抑制与 GA 相关的 *gal* 突变体的表型[11]，这说明 *spy* 是 GA 信号途径的重要的负调控因子。

另有其他研究发现，*shi*（short internodes）基因可以防止幼嫩器官对 GA 发生响应而启动生长，因为它没有在快速伸长的拟南芥幼嫩器官中表达[12]；然而也有研究发现 *shi* 基因在大麦糊粉细胞中表达能够抑制由 GA 诱导的 α -淀粉酶的表达，这证明 *shi* 基因可以反向调节 GA 反应[13]。不过当前的研究对于不同的反向作用因子的作用机制都没有明确的结论，其在 GA 信号转录中的确切功能还需要进一步地研究才可以确定。

2. GA 信号转录

(1) GA 受体

众所周知，植物细胞的胞间或胞内可以存在含羧基的 GA 阴离子，而且作为质子化酸，GA 也可以以被动运输的方式穿过细胞质膜。由以上 2 种现象可以大胆猜想，植物体内可能含有某种可溶性受体，这些受体能够和细胞质膜结合。近几年，关于 GA 受体的研究已经有了历史性的突破，早期研究者发现水稻中含有一种矮化突变体基因，GA 对这种物质不敏感，而 *gid*1 基因的过量表达会导致出现 GA 超敏感的表型[14]。可以说，这一发现对于进一步了解 GA 信号途径有着极其重要的作用。隋炯明对不同的植物体内 GA 受体的氨基酸序列及相应的同源序列测试研究发现，水稻、高粱、小麦、玉米和棉花中的 GA 受体氨基酸序列具有非常高的同源性，前面 3 种植物的同源性都要超过 80%，这在一定程度上表明禾本科植物之间的亲缘关系比较接近，GA 受体的序列也都大抵相同[15]。此外，杜冉等在酵母双杂的实验中发现 GID1 能够和水稻里面的 DELLA 蛋白相作用，它首先与活性的 GA 结合以感知 GA 信号，然后将该信号传递给 DELLA 蛋白，以此诱发出一系列的下游反应[16]。这条路径的发现说明作为 GA 受体的 GID1 与 GA 结合是 GA 发生反应的必要条件。

(2) DELLA 蛋白分子的降解机制

DELLA 蛋白是维持植物根尖干细胞活性的必要元件,在植物体内,GA 可以通过泛素/蛋白酶途径降解 DELLA 蛋白,从而促进植物进一步的发育生长。植物在接受了 GA 信号后,通过降解 DELLA 蛋白的作用来解除其对生长的抑制作用。

Shimada 等研究发现,GA 在和它的受体 GID1 的 C 端结构域结合后,会导致 GID1 的 N 端结构域构象发生改变,这将会使它与 GA 结合的口袋关闭,形成与 DELLA 蛋白结合的疏水性状态[17]。通过对 SLY1 的研究就可以解释 GA 的信号转导过程中的泛素/蛋白酶体途径[18]。

(3) GA 信号的转导模式

研究表明,在水稻和拟南芥等植物中,GA 信号都会诱导 DELLA 蛋白的降解。在水稻 GA 信号诱导途径中,GA 与细胞质膜外受体蛋白结合,信号通过 G 蛋白或 Ca^{2+} 以及 GID1 传至细胞内部,SLR1 马上和 SCF 复合体作用,从而抑制泛素/26S 蛋白酶体降解途径,然后进行 GA 信号应答,从而促进植物的生长发育。此外,存在于马铃薯中的 U－box 蛋白和 PHOR1 蛋白也会通过泛素/E3 连接酶参与 DELLA 蛋白的降解过程,而拟南芥 SPY 调节植物的生长发育的方式则是通过激活 DELLA 蛋白参与 GA 的信号。

3. GA 与其他激素的相互作用

植物激素间的相互作用包括协同作用、拮抗作用等。研究表明,赤霉素和其他植物激素之间的相互作用决定了赤霉素对植物生长发育的调控,使得赤霉素在不同的植物器官中可以表现出不同的生理功能。

(1) 促进作用

生长素不仅能够影响 GA 的合成,还可以影响 GA 的信号转导,在调节细胞扩大和组织分化方面,生长素和 GA 具有相互促进的作用。研究表明,当摘除拟南芥的分泌生长素的顶芽时,GA 介导的根的生长受到抑制,而对拟南芥施加生长素后,这种抑制作用会减弱,这证明了生长素与 GA 的作用效果相互促进[19]。同时研究发现,生长素能够造成一些 DELLA 蛋白,如 GA 诱导的 RGA 的失活,并以此来促进植物根部的生长。

(2) 拮抗作用

细胞分裂素与GA存在互相拮抗的作用。细胞分裂素不仅抑制GA在植物体内的合成,而且对促进GA的降解起积极作用。与之相对,GA的大量存在会抑制细胞分裂素的应答。因此,在植物生长发育过程中维持二者之间的动态平衡非常重要。一方面,细胞分裂素会抑制GA的合成,它能够促进RGA和GAI的表达,加速蛋白酶的降解,使得GA信号无法转达;另一方面,GA应答的负调节因子可以直接促进细胞分裂素的信号传导,它们的突变可以抑制细胞分裂素的应答。但是关于它们之间的应答机制目前暂时还没有统一的定论,只是已发现维持其稳态平衡对于生物机体具有极其重要的作用。

(3) 抑制作用

在调控植物生长发育和环境应答等过程中,GA和脱落酸都起到了非常重要的作用。GA可以促进种子萌芽、植物开花和果实发育等,而脱落酸的作用是抑制这些生长发育过程。GA和脱落酸之间有非常复杂的相互作用,目前已经有很多不同的机制来解释它们之间的相互作用,但都没有达成共识。

二、赤霉素剂型的开发与推广应用

1. 赤霉素油制剂型

赤霉素油制剂型主要指的是赤霉素乳油。赤霉素乳油是我国赤霉素市场上的主要剂型之一,它是一种棕色透明的液态制剂,由赤霉素母液加上溶剂和乳化剂制成,其最稳定最常用的溶剂是酒精,乳化剂一般是蓖麻油聚氧乙烯醚。赤霉素乳油在比较久之前就已经实现商业化生产,具有较为成熟的加工技艺,相对而言,赤霉素乳油具有药效较高、使用便捷、性质稳定、产量较大和使用范围广泛的优点。

2. 赤霉素粉制剂型

(1) 赤霉素结晶粉

赤霉素结晶粉是赤霉素发酵液经过过滤、浓缩、萃取和结晶后制得的粉状剂型。这种产品的优势是性质稳定、运输便捷和保质期较长,在其应用方面需要注意的是赤霉素结晶粉在使用之前必须使用适量的酒精将其溶解,然后按比例稀释至一定浓度,要特别注意避免加水过多导致结晶现象出现,出现结晶会影响赤霉素结晶粉的药效,这一点是其推广过程中的最大限制。

(2) 赤霉素可溶粉

赤霉素可溶粉是将赤霉素结晶粉和其他辅料烘烤、粉碎并混合而制得的一种粉剂,制备流程严格且有一定的条件要求。赤霉素可溶粉可以迅速溶解在水中,其有效成分可在水中均匀分布,同时也没有结晶的困扰,所以赤霉素可溶粉的药效很高。而且作为粉制剂型,赤霉素可溶粉本身具有易于运输和便于称量的优点。除此之外,赤霉素可溶粉不含有机溶剂,属于环境友好型的制剂。赤霉素可溶粉还有其他明显的优势,比如,性质稳定、成本较低、使用安全等。因此,近些年来,赤霉素可溶粉得到了非常广泛的发展与应用。

(3) 赤霉素复配剂型

比起单独使用植物生长调节剂,将几种生长调节剂按照一定比例混合制成复配剂型,其调节作用对比单配剂型有很大程度的提高。奇宝 20%可溶性粉剂是一种由美国雅培制药有限公司生产的赤霉素的复配类产品,可用于调节水稻的生长发育;德国马克普兰生物技术股份有限公司生产的康凯 0.136%可湿性粉剂,可用于调节黄瓜生长。

国内也已有不少赤霉素复配剂型的相关专利。卢柏强等研发了一种复硝酚钾盐[20]。裘国寅等也研发出了一种赤霉素涂布剂,其主要作用是提高水果成果率及产量,这种制剂耐温、耐雨并且使用安全,而且在使用时不会产生被植物瞬间吸收导致植物体内赤霉素浓度过高的隐患[21]。王熹等配制成粒粒饱可湿性粉剂产品,其中 GA 和 PP333 的有效成分为 3.1%~6.4%,这种产品使用安全便捷、稳定性高、成本较低、适应性广[22]。

3. 赤霉素水剂

赤霉素水剂是一种在浓缩液中加入保护剂和乳化剂混合而成的制剂,它的工艺包括深层发酵、板框压滤和薄膜浓缩。这种制剂的优点是生产工艺简单、固定成本小、产率高、周期短、安全且无酸性废液处理,它的缺陷在于当其水溶液温度在 5 ℃之上时,水溶液的结构会被破坏,因此赤霉素水剂的市场份额很小。

4. 赤霉素片剂

赤霉素片剂是一种按一定比例将赤霉素原料和其他添加剂经过酒精喷浆制得的粒剂压片。此种制剂拥有粉剂和水剂没有的优势:溶解度高,可溶于水直接使用；不存在粉尘污染；安全性高；无须称量；操作简单；因为降低了制剂与空气的直接接触概率，使得该制剂的药效大幅度提升，保质期长等。目前我国的科研人员正在积极研制可大规模投入生产使用的片剂。

第二节　其他典型植物生长调节剂的开发与应用

一、氨基寡糖素的开发与应用

氨基寡糖素是一种安全、无毒、无残留的新型环保植物免疫杀菌剂，它是由壳聚糖经多元化催化水解、合成的天然多糖类产物。氨基寡糖素有助于增强植物细胞壁对病原菌的抵抗力，具体表现在：首先，氨基寡糖素能够诱发植物受害组织起过敏反应，产生抗菌物质抑制甚至直接杀死病原体，使植物脱离其危害；其次，氨基寡糖素具有细胞活化作用，它可以激发植物体内产生几丁酶、葡聚糖酶、植保素和 PR 蛋白等，这些物质具有抗病作用。氨基寡糖素对西瓜枯萎病、玉米粗缩病、水稻稻瘟病、烟草病毒病、棉花枯萎病、梨黑星病、苹果斑点落叶病和小麦赤霉病等有较好的防治效果[23,24]。

氨基寡糖素是利用特殊的生物酶技术，将壳聚糖经过一系列生物工程技术处理而得到的一种全新的产品，与壳聚糖相比，具有较高溶解度和容易被生物体吸收等诸多独特的功能。壳寡糖作为一种无毒高效的生物农药已被应用于多种农作物生产中，因其具有广谱抑菌性，可诱导植物抗性反应，在防治田间植物病害方面已经进入商业应用阶段。肥城桃是我国的名优果品，由于采收期温度较高，果实极易腐烂。古荣鑫等通过研究发现，氨基寡糖素对采后肥城桃果实褐腐病有较好的控制效果[25]。氨基寡糖素可以通过诱导肥城桃果实病程相关蛋白基因的表达和提高防御酶活性有效控制果实褐腐病。但是氨基寡糖素对不同病程相关蛋白基因表达量的提高有很大差异。据相关报道，氨基寡糖素等激发因子能够诱导很多植物产生抗病性，因此被广泛应用于农作物病害防治领域。目前研究认为，脂氧合酶(LOX)在植物抗胁迫响应中扮演着至关重要的角色，可催化不饱和脂肪酸使其转化为过氧化物，并最终生成一种重要的植物抗性反应信号分子茉莉酸(JA)[26]。尹恒等通过酶解反应结合膜分离耦合技术成功制备氨基寡糖素，并且利用植物生理生化及分子生物学等方法，确保了氨基寡糖素诱导油菜抗菌核病的效果。研究结果指出,氨基寡糖素能诱导油菜中脂氧合酶(LOX)的酶活性呈双峰形式升高,这可能是由 JA 的负反馈调控引起的[27]。

氨基寡糖素已经被应用于农业生产。目前氨基寡糖素使用的剂型以水剂和粉剂 2 种为主,其中水剂的使用比较广泛,0.5%和 5% 2 种使用浓度比较常见。氨基寡糖素作为植物免疫激活因子的研究起源于 20 世纪 60 年代,氨基寡糖素对植物影响主要是诱导抗性,提高植物过氧化物酶(POD)、超氧化物歧化酶(SOD)、苯丙氨酸解氨酶(PAL)的活性,促进植物植保素与植物木质素的合成和积累,提高作物抗病性,进而促进植物生长。孙光忠等通过实验发现,0.5%的氨基寡糖素水剂对番茄晚疫病防治效果显著,能极大地增强番茄的抗病能力,防治效果远远优于生产上大面积推广的嘧菌酯 250 g/L 悬浮剂[28]。李萍等发现,在豇豆上喷施氨基寡糖素后,豇豆植株苗期和拉蔓期的生长情况明显优于常规化学药剂处理的植株:植株粗壮、叶片深绿、初花期也略早,这说明氨基寡糖素具有促进植物生长、提早花期的作用[29]。王亚红等通过实验发现,在猕猴桃全生育期使用氨基寡糖素,可改善猕猴桃的生理性状,使猕猴桃表现出较好的抗低温冻害特性,产量增加,果实摘取之后的储存时间变长,果实的品质也得到提高[30]。景红娟等研究表明,浓度为 1 μg/mL 的氨基寡糖素可以促进小麦幼苗的生长发育,尤其对小麦幼苗根尖和叶片的生长有显著的促进作用,并且有研究人员检测到小麦的根部的 O_2 含量增多,与根尖生长变化正相关[31]。

二、细胞分裂素的开发与应用

细胞分裂素是植物体内至关重要的信号调节分子,是五大类植物生长调节剂中的一类,它可以提高植物的抗逆性、增加植物寿命,对植物的生长发育和产量提高有重要影响。细胞分裂素可以促进细胞分裂、增加胚乳细胞数目、扩大籽粒库容、促进碳水化合物从韧皮组织中的卸出及向籽粒中运输、降低叶片呼吸强度、激活 SOD 活性、延迟衰老。李小艳等在探索细胞分裂素对玉米产量、性状的影响时,发现细胞分裂素处理的玉米植株比较高大,茎秆粗壮,穗位叶的叶面积明显增大,叶绿素和可溶性蛋白的含量也显著增加,产量明显上升[32]。另有实验证实,细胞分裂素不仅可以增加玉米穗位叶叶面积,还可以增加叶片中叶绿素和可溶性蛋白的含量[32]。细胞分裂素可以增强玉米的光合作用,延长花粒期光合作用的时间，有利于籽粒胚乳干物质的形成，使玉米籽粒更加饱满。此外，细胞分裂素还能在一定程度上缓解高温天气对植株的胁迫伤害。

在调节植物生长发育过程中，细胞分裂素起着至关重要的作用，如促进细胞分裂和扩大、诱导芽的分化、促进次生代谢组织的形成、延缓叶片衰老、打破种子休眠、解除植物的顶端优势、调控营养物质的运输、促进种子和芽的萌发、促进植株从营养生长向生殖生长的转化、促进花芽分化和结实等。经过鉴定，细胞分裂素是腺嘌呤衍生物：6-糠胺嘌呤，也叫激动素，主要集中分布在细胞分裂旺盛的部位，如苗顶端分生组织、花原基和发育中的花器官，这也预示着细胞分裂素对它们的发育具有重要的调节作用。

细胞分裂素的抗衰老机制与光合磷酸化反应有关。现有研究表明，细胞分裂素有直接或间接清除自由基的功能，可以提高 SOD 等膜保护酶的活性，减少脂质过氧化作用，改善膜脂过氧化产物与膜脂肪酸组成的比例，保护细胞膜，增加水稻幼苗的抗寒能力，还可通过改变过氧化物酶等的活性，提高大麦和小麦的抗涝能力[33]。细胞分裂素在保绿防衰、延长蔬菜（如包菜、甘蓝）的贮藏时间、防止果树生理落果等方面早已有广泛的应用[34]。

细胞分裂存在 2 个必不可少的过程：一是包括 DNA 合成在内的核分裂过程；二是胞质分裂过程。细胞分裂素对于以上 2 个过程中存在的有丝分裂、核分裂及 RNA 的加倍过程都是必需的。董龙英等从渗透调节方面阐明了细胞分裂素促进细胞伸长的机制，他们通过深入研究细胞分裂素对黄瓜子叶细胞扩大生长和细胞壁酶活性的影响，发现细胞分裂素通过促进细胞内能量代谢来加速细胞内物质的合成与运输，提高胞内的渗透压，进而使得细胞大量吸水，产生细胞扩大生长所需的膨压[35]。

近年来的研究表明，细胞分裂素对植物基因的表达有显著的调节作用。细胞分裂素能显著提高植物基因转录的水平，在转录水平上或转录后水平上有效调控植物基因的表达。在细胞分裂过程中，细胞分裂素能影响植物基因表达，进一步调节特定蛋白质（包括酶）的合成，从而影响整个细胞的分裂、分化过程。

Chen 等通过研究发现南瓜子叶在 N^6-benzyladenine（BA）处理后部分蛋白的合成速率有所增强，也有一些蛋白的合成受到不同程度的抑制[36]。现有的资料显示，细胞分裂素可以调节蛋白质的代谢，而且不同基因对同一激素处理的反应各不相同。细胞分裂素能从转录水平上调节植物的生长发育。

Dominov 等通过研究发现，当烟草培养细胞中 mRNA 积累速率达到最大时，细胞转录的速率达到最高，在这个过程中，适量的细胞分裂素可以轻易改变细胞的转录速率[37]。细胞分裂素处理可使 *rbcS* 和 *cab* 基因的 mRNA 丧失专一性的过程减慢，表明细胞分裂素并没有改变这 2 种基因的转录水平，而是增加了转录产物的稳定性。

近年来，国内外大范围研究重金属胁迫下植物激素与重金属吸收之间的关系，其中主要以对植物生长调节剂的研究为主。针对目前超富集植物发芽率低下、生长速度缓慢和生物量低等缺陷，可以利用细胞分裂素打破植物的种子休眠、促进发芽和快速生长。细胞分裂素能够刺激植物细胞分裂，促进叶绿素合成，同时可以增加植物的含糖量及生物碱含量，增强植物光合作用并促进植物生长实现增产，提高植物免疫力，提高植物对逆境的抗性。高浓度的重金属离子会抑制种子发芽，对植物的生长发育和许多生化和生理过程也存在诸多干扰，Hg^{2+}、Pb^{2+} 和 Cd^{2+} 等重金属离子很大程度上抑制了植物根毛的生长，浓度过高时植物甚至不产生根毛。而细胞分裂素的主要作用是诱导芽的形成和生长以及根的分化。细胞分裂素能延缓植物叶绿素和蛋白质的降解速度、稳定多聚核糖体、保持细胞膜的完整性。可见，细胞分裂素能减缓重金属离子对植物细胞的毒害，可能也与其刺激细胞内 H_2O_2 活性氧的清除、维持叶绿素稳定、促进脯氨酸积累等生理作用有关[38]。

三、脱落酸的开发与应用

脱落酸（ABA）是一种调节植物生长发育的类异戊二烯植物激素，是众所周知的五大类植物生长调节剂之一，对植物的生长发育具有独特的调控作用。ABA 广泛参与植物生长发育的调控和对多种环境胁迫的适应性反应，比如，促进果实与叶片脱落、器官衰老、气孔关闭、影响植物开花、调节种子和胚的发育等生理功能，以及对干旱、高盐、低温及病菌等胁迫产生应答。

ABA 的使用剂型有水剂和可湿性粉剂等。一直以来，人们一直将脱落酸与植物生长的抑制、植物器官和种子的休眠、植物器官的衰老和脱落等生理现象联系在一起。近几年来，有关 ABA 的研究取得了显著的进展，ABA 和其他几类激素（IAA、GA_3）一样，是一种具有全面生理功能的激素，在植物整个生长发育过程中，有着多方面的调控作用，对气孔开闭、光合作用、水分调节、衰老及对逆境适应等生理过程都有明显的调控作用。汤日圣等研究发现，在干旱胁迫下，ABA 能通过调节叶片气孔的开度，增加气孔的阻力，以减少蒸腾失水[39]。同时 ABA 能有效减缓茄苗中超氧化物歧化酶的活性和丙二醛的积累。与此同时，ABA 还能促进脯氨酸含量的增加，并使植株维持较高的抗坏血酸、还原型谷胱甘肽和可溶性糖等渗透调节物质的水平，增强渗透调节能力，调节水分平衡，从而有效提高茄苗的抗旱能力。周玲等在研究 ABA 处理对瓜尔豆叶片光合特性影响时发现，ABA 处理植物可以降低其净光合速率；而且，补充外源 ABA，可以使叶片内部 ABA 浓度相对升高，从而引起完整叶子或离体叶子表皮气孔的关闭。而气孔开闭不但控制蒸腾，而且影响光合作用。ABA 深刻影响植物的光合作用、碳水化合物的运输与分配等方面[40]。

有研究表明，施加 ABA 可以使植物对不利环境产生抗性。尤其是 ABA 的增加和气孔的关闭一致对植物抗旱非常有利[41]。ABA 促进气孔关闭、抑制开放可能有以下 3 个原因：一是阻碍细胞膜上 H^+ 的分泌和 K^+ 的积累；二是阻碍淀粉和苹果酸的相互转化；三是促使 K^+ 和苹果酸从细胞中漏失，使细胞不能保持较低的渗透势，进而导致气孔关闭或抑制气孔的开放。罗立津等在试验中也发现，ABA 处理能促进幼苗新叶中 K^+ 的积累，从而更好地调节液泡的渗透势，改变细胞膨压并维持跨膜运输[42]。此外，该试验还证实，常温下适宜浓度的 ABA 处理对甜椒幼苗的根系生长有一定的促进作用，能明显提高茎尖 IAA 和 ABA 的含量，而适宜浓度的 IAA 和 ABA 都对侧根生长有促进作用，这也很好地揭示了外源 ABA 处理促进侧根生长的机制。

脱落酸也被称为“胁迫激素”，其在体内的积累量与植株抗逆性的增强呈明显的正相关，能通过专一性地与脱落酸结合蛋白和系列信号转导途径，产生适应或抵抗逆境的一系列生理反应。有研究发现，外源 ABA 处理过的幼苗茎尖，ABA 与玉米素的比值显著升高，减少了细胞分裂素对 ABA 的拮抗作用[43]。外源 ABA 能通过不同方式作用于多种植物，增强植株对镉的耐受性，降低由镉引发的植物生长发育问题及活性氧大量积累而引发的植物氧化胁迫问题。探究 ABA 缓解植物重金属胁迫作用机制时，离不开了解其受体和信号途径，ABA 受体是感受和传递信号的开始。王博等研究拟南芥时发现，SnRK2.2 和 SnRK2.3 是脱落酸信号途径中控制植物对脱落酸的响应的两个关键蛋白激酶[44]。与正常植株相比，外源脱落酸对双突变体内金属镉离子含量的影响明显减弱，因而进一步证实植物对镉吸收抑制可能与脱落酸信号功能有关。张慧等研究发现，施加外源脱落酸能够显著缓解金属镉胁迫下水稻和菹草叶片中叶绿素含量下降的情况[45]。脱落酸处理同样能够增加金属镉胁迫下小麦叶片中叶绿素含量及其光合速率。在部分植物中，外源脱落酸能够降低其对镉的吸收作用，并且能够改变镉在植株不同部位的分布来增强其对镉的耐受性。外源脱落酸可以显著降低植物根系对镉的吸收能力，减少植株内的镉含量，促进植物生长。同样，脱落酸可降低不结球白菜向地上部分转运镉的能力，从而减少不结球白菜地上部分的镉含量。有研究表明，脱落酸能显著提高玉米叶片中 *Cat1*、*APX*、*GR1* 的转录水平，还能增加水稻、大麦、小麦、玉米幼苗和菹草中抗氧化酶 SOD、POD 和 CAT 的活性[46]，从而提高植物对镉胁迫的抗性。除此之外，脱落酸还可以通过调节植物体内 H_2O_2 浓度间接调节细胞膜上的钙离子通道，以限制镉进入细胞。

四、海藻寡糖素的开发与应用

海藻寡糖素含有多种植物生长调节素和矿质元素、螯合金属离子以及海洋生物活性物质，如细胞激动素与海藻多糖等，可促使植物细胞快速分裂、快速生长、促进孕蕾开花、增强新陈代谢、提高抗逆性(如抗干旱)。其中，以藻红素和藻蓝素尤为重要，其辅基是吡咯环所组成的链，与蛋白质结合在一起，分子中不含金属，藻红素主要吸收绿光，藻蓝素主要吸收橙黄光，它们能将所吸收的光能传递给叶绿素用于光合作用，这点对治理或改善园林绿化植物的黄化也有重要意义。另外，海藻寡糖素还能改善土壤结构和水溶液乳化性、降低液体表面张力，并且可与多种药、肥混用，能提高其展布性、黏着性、内吸性，从而增强药效、肥效。另外在植物保护方面可直接单独使用，还有抑制有害生物和缓解病、虫危害的作用；如与其他制剂复配，还有增效作用。

海藻寡糖素集植物所必需的营养成分、海藻有机质、海洋生物活性成分于一体，用于农业生产，主要体现 3 大功效：一是肥效。该产品内含植物必需的营养成分和天然矿物质、生长调节剂，能促进植物细胞分裂和伸长，强化新陈代谢，加速根部发育，提高植物对水分和养分的吸收能力，增强抗逆能力，改善作物品质，提高产量。二是抗逆性。该产品含有多种海洋生物活性物质、海藻多糖、海藻多酚、寡糖素、碘等，其含量比例适中，对植物的粉霉病、灰霉病、红蜘蛛虫有明显的抑制作用。尤其是对温室红蜘蛛虫、水稻纹枯病、烟草花叶病抑制作用更强。三是环保。海藻寡糖素是纯天然海藻提取物，对环境无污染。施用后可疏松土壤，改善因施用化学肥料造成的土壤板结，加快土壤团粒结构的形成，确保土壤有良好的通气性。用海藻寡糖素生产的粮食、蔬菜、瓜果、茶叶，其品质优良，无有毒物质残留，符合绿色食品标准。

海藻寡糖素是纯天然海藻提取物，无污染、无公害，可以直接喷叶、灌根、浸种、扦插繁殖，也可作为营养剂配制专用叶面肥、冲施肥、农药等，用于无公害基地、花卉和苗圃等农业生产。海藻寡糖素的产品分为固体和液体 2 种，呈弱碱性，溶于水，具有海藻味。海藻寡糖素内含多种植物所必需的营养成分和海藻多糖、海洋生物活性物质、天然植物生长素，还含有多种螯合态或离子态的植物所需的中量、微量元素，如钙、镁、铁、锌、铜、锰等，这些植物所必需的微量元素以不同的形态进入植物体内参与其生理作用。现在海藻寡糖素类产品已经有很多种，如乌金绿、甲壳海藻寡糖素类叶面肥等。

参考文献：

[1] 曹巧林，马超，粟永树.赤霉素对沙枣种子发芽的影响[J].林业科技，2017，42(3)：8—10.

[2] 周相娟，姜微波，胡小松，等.赤霉素和乙烯对香菜叶片衰老的影响[J].北方园艺，2003(3)：54—56.

[3] 葛长军，闫良，徐丽荣.赤霉素处理对黄瓜雌性系的诱雄效果[J]. 江苏农业科学，2017，45(5)：111—114.

[4] 刘永庆，Bino R J，Karssen C M. 赤霉素与脱落酸对番茄种子萌发中细胞周期的调控[J]. 植物生态学报(英文版)，1995(4)：274—282.

[5] 牛亚利，赵芊，张肖晗，等. 赤霉素信号在非生物胁迫中的作用及其调控机制研究进展[J]. 生物技术通报，2015，31(10)：31—37.

[6] Sun T P, Gubler F. Molecular mechanism of gibberellin signaling in plants.[J]. Ann Rev Plant Biol, 2004, 55(1)：197.

[7] 王孝民. 拟南芥功能获得突变体 sef 的研究[D]. 北京：中国科学院研究生院(植物研究所)，2006.

[8] 李玉巧，朱鹿鸣. PP333、GA_3 和 BA 对马铃薯试管苗生长调节作用的研究[J]. 作物学报，1994，20(1)：59—66.

[9] Halden R U. Plastics and health risks[J]. Annu Rev Public Health, 2010, 31(1)：179 - 194.

[10] 栗华. 两种拟南芥微管结合蛋白 AtMAP65 - 1 和 AtMAP65 - 2 的功能分析[D]. 北京：中国农业大学，2007.

[11] Jacobsen S E, Olszewski N E, Meyerowitz E M. SPINDLY's role in the gibberellin response pathway[J]. Symp Soc for Exp Biol, 1998, 51(51)：73 -78.

[12] 胡子英，王秀玲. 拟南芥 Villins 基因在花器官中的表达分析[EB/OL]. 中国科技论文在线. [2019] http://www. paper. edu. cn/releasepaper/content/201301 - 32.

[13] 钱海丰，赵晓娟，赵心爱. α -淀粉酶基因表达的调控[J]. 西北农业学报，

2003,12(4):87—90.

[14] 李玮,朱广廉.GA 调控 α-淀粉酶基因表达的分子生物学[J]. 植物生理学报,1994(2):147—151.

[15] 隋炯明.几种作物 GA 受体的同源性比较[J].青岛农业大学学报(自然科学版),2009,26(4):309—312.

[16] 杜冉,孙新蕊,钮世辉,等.油松 DELLA 蛋白结合 GID1 关键位点的鉴定和验证[J]. 西北植物学报,2017,37(1):32—39.

[17] Shimada A, Ueguchi-Tanaka M, Nakatsu T, et al. Structural basis for gibberellin recognition by its receptor GID1[J]. Nature, 2008, 456:520 - 523.

[18] 谭彬,王婷,郝鹏博,等.外源 GA_3 和 PBZ 对桃枝条生长及其 GA 相关基因表达的影响[J].华北农学报,2019,34(2):25—34.

[19] 邓朝晖.赤霉素信号转导途径研究概况[J].生物学教学,2012,37(5):2—4.

[20] 卢柏强,袁伏中. 复硝酚钾盐·赤霉素植物生长调节剂: CN 1326676 A [P]. 2001 - 12 - 19.

[21] 裘国寅,盛建林,肖国林.赤霉素涂布剂生产方法:CN 200510049682.6 [P].2005—11—14.

[22] 王熹,陶龙兴,黄效林,等.二元植物生长调节剂及其生产方法: CN1238910 A[P]. 1999—12—22.

[23] 檀志全,谭海文,覃保荣,等.5%氨基寡糖素 AS 在番茄上的应用效果初探[J].中国植保导刊,2013,33(10):65—66.

[24] 赵继红,孙淑君,李建中.植物诱导抗病性与诱抗剂研究进展[J]. 植物保护,2003,29(4): 7—10.

[25] 古荣鑫,朱丽琴,刘娜,等.壳寡糖与紫甘薯花青素处理对采后肥城桃褐腐病的控制效果及机理研究[J]. 果树学报,2013,30(5):835—840.

[26] 吴桂玲,冯定坤.植物脂氧合酶的研究进展[J].广州化工,2019,47(17):37—39.

[27] 尹恒,王文霞,卢航,等.壳寡糖诱导油菜抗菌核病机理研究初探[J]. 西北农业学报,2008(5):81—85.

[28] 孙光忠，彭超美，刘元明，等.氨基寡糖素对番茄晚疫病的防治效果研究[J]. 农药科学与管理，2014，35(12)：60—62.

[29] 李萍，张善学，李国梁，等. 氨基寡糖素在豇豆上的应用效果[J]. 中国植保导刊，2013，33(7)：48—51.

[30] 王亚红，赵晓琴，韩养贤，等. 氨基寡糖素对猕猴桃抗逆性诱导效果研究初报[J]. 中国果树，2015，(2)：40—43.

[31] 景红娟，王石雷，田航宇，等.壳寡糖对小麦早期生长生理的影响[J]. 麦类作物学报，2013，33(5)：1039—1042.

[32] 李小艳，许晅，朱同生，等.细胞分裂素对玉米产量性状的影响[J]. 中国农学通报，2013，29(36)：219—223.

[33] 王宁宁，王勇，王淑芳，等.细胞分裂素对大豆叶片衰老过程中蛋白激酶基因表达的影响[J]. 南开大学学报(自然科学版)，1998，(2)：99—101.

[34] 王三根.细胞分裂素与植物种子发育和萌发[J].种子，1999(4)：35—37.

[35] 董龙英，颜季琼. 6-BA、甘露醇对黄瓜子叶细胞扩大生长和细胞壁酶活性的影响(简报)[J]. 植物生理学通讯，1992，(1)：47—50.

[36] Chen C, Ertl J R, Yang M, Set al. Cytokinin-induced changes in the population of translatable mRNA in excised pumpkin cotyledons[J]. Plant Sci, 1987, 52: 169-174.

[37] Dominov J A, Stenzler L, Lee S, et al. Cytokinins and auxinscontrol the expression of a gene in *Nicotiana plumbaginifolia* cells by feedback regulation[J]. Plant Cell, 1992, 4: 451-461.

[38] 王冬梅，黄学林，黄上志. 细胞分裂素类物质在植物组织培养中的作用机制[J]. 植物生理学通讯，1996(5)：373—377.

[39] 汤日圣，唐现洪，钟雨，等.生物源脱落酸(ABA)提高茄苗抗旱能力的效果及机理[J].江苏农业学报，2006(1)：10—13.

[40] 周玲，魏小春，郑群，等.脱落酸与赤霉素对瓜尔豆叶片光合作用及内源激素的影响[J].作物杂志，2010(1)：15—20.

[41] 曹文艳.脱落酸生理功能研究进展[J].河北农机，2019(8)：60.

[42] 罗立津，徐福乐，翁华钦，等.脱落酸对甜椒幼苗抗寒性的诱导效应及其

机理研究[J].西北植物学报,2011,31(1):94—100.

[43] 王淑娟,方开星,陈新,等.外源 ABA 对木薯叶片内源激素及淀粉合成相关基因的影响[J].中国农业大学学报,2015,20(3):100—107.

[44] 王博,王林燕,戴灵豪. 脱落酸在植物抗镉胁迫中的作用[J]. 现代农业科技,2017(8):180—181.

[45] 张慧,施国新,计汪栋,等. 外源脱落酸(ABA)增强莼草抗镉(Cd^{2+})胁迫能力[J]. 生态与农村环境学报,2007,23(3):77—81.

[46] 范士凯. 脱落酸应用和氮素形态降低植物镉积累的研究[D]. 杭州:浙江大学,2015.

第六章 典型植物生长调节剂的田间示范与推广

第一节 赤霉素的调控效果

属于四环二萜类激素的赤霉素包含一组超过136种的天然植物成分[1]，但其中仅有一些表现出生物学活性，例如，GA_1、GA_3、GA_4、GA_5、GA_6和GA_7。它们的生物合成是一个多步骤过程，合成部位分别为质体、网状结构和细胞质，并且受不同的酶家族的影响。贝壳杉烯(ent-kaurene)的生物合成局限于质体，并被2种酶连续催化。随后的步骤与内质网有关，内根-贝壳杉烯的C-19的甲基在内根-贝壳杉烯氧化酶(ent-kaureneoxidase，KO)催化下不断被氧化，分别形成内根-贝壳杉烯醇(Ent-kaurenol)、内根-贝壳杉烯醛(ent kaurenal)和内根-贝壳杉烯酸(ent-kaurenoic acid，KA)。KA在内根-贝壳杉烯酸氧化酶(ent-kaurenoicacid oxidase，KAO)的催化作用下，在C-7α位上进行3步脱氢氧化反应，逐步形成内根-7α-羟基贝壳杉烯酸和GA_{12}-醛，它是GA_3的最初产物，进一步转化成GA_{12}，而在GA_{13}-氧化酶的作用下还可转变为GA_{53}。由内质网合成的GA_{12}和GA_{53}运输至细胞质基质中，在其C20处经GA20-氧化酶(GA20-ox)、GA3-氧化酶(GA3-ox)和GA2-氧化酶(GA2-ox)进行一系列氧化作用下转变为其他种类GAs。在拟南芥中，有5个已知的GA20-ox基因[2]。生物活性赤霉素合成的最后一步是通过GA3-ox进行的，但其组成和水平高度依赖于所涉及的物种、组织和过程。

赤霉素对于根伸长至关重要，但高浓度赤霉素对根的伸长有抑制作用，并且在大多数情况下，根部含有的赤霉素接近饱和水平。赤霉素的另一个值得注意的作用是促进种子萌发，赤霉素代替了光细胞种子发芽的光需求，而它逆转了对茎伸长的光抑制作用。GA对花期的影响是复杂的，可以是促进、抑制或中性，具体影响取决于物种。一些在非诱导条件下生长的长日照植物可以通过施用赤霉素来诱导提前开花。

不同的赤霉素生物活性不同，赤霉酸（GA_3）的活性最高。活性高的化合物必须有一个赤霉环系统（环 ABCD），在 C－7 上有羧基，在 A 环上有一个内酯环。植物各部分的赤霉素含量不同，种子里最丰富，特别是在成熟期。GA 相互之间可转化。所以，大部分植物体内都含有多种赤霉素。

一、GA_1的应用和效果

1958 年，科学家从红豆的不成熟种子中分离并得到 GA_1，当时认为 GA_1会影响植物的发育[3]。植物激素突变体是研究植物激素生物合成、代谢途径以及信号转导机制的重要材料，通过对水稻[4]、玉米[5]、豌豆[6]及拟南芥等多种植物赤霉素合成阻遏型（反应敏感型）矮秆突变体的研究，证实了 GA_1是茎秆伸长生长的主控因子。GA_3与 GA_1的结构极其类似，因而也具有显著促进一些植物节间细胞的伸长生长的功能，株高与植物结构、抗倒伏性和产量性能有关。

GAs 生物合成、代谢和信号级联的突变影响植物高度，此外，遗传因素与其他植物激素也在植物高度调节中起到作用。Wittwer 等通过实验发现 GA_1对矮生豌豆茎伸长的活性影响较大，可以促进矮生豌豆茎的伸长[7]。随着日照长度的增加，茎节逐渐开始伸长，长日照可能是通过增加 GA20－ox 的活性促进 GA_1合成的。通过研究外源 GA_1对正常玉米和矮生玉米的作用，发现 GA_1促进了矮生突变体茎秆的明显伸长，但是对野生型的植株却没有或仅有很小的效果。

二、GA_3的应用和效果

GA_3广泛用于无核葡萄和葡萄干品种的浆果，可使其膨大，是 GAs 中活性最高的一种。外源施用 GA_3可以控制植物在幼态和成熟态之间的转变。GA_3不仅对甘蔗、水稻和洋葱等作物种子发芽和早期植株生长具有调节作用，也能促进水稻灌浆前期籽粒胚乳细胞的伸长和扩大。

GA_3的应用和研究在很早就受到人们的关注。Wang 等研究了赤霉素通过影响水稻中 Fe 的运输和转运来调节 Fe 离子缺失-响应机制，为了评价赤霉素调节 Fe 稳态中的作用，用野生株水稻和缺陷株（*euil*）幼苗考察赤霉素对 Fe 积聚和转运的影响，结果发现在 Fe-缺陷培养基中水稻的生物量明显下降[8]。不管它是外源添加赤霉素，还是内源性生物活性赤霉素的量的提高，通过扩大叶子萎黄病或降低生长来增强水稻对 Fe 离子缺失 - 响应效应。Fe 离子缺乏显著抑制了水稻中 GA_1 和 GA_4 的产生。增加外源性赤毒素显著降低了水稻叶子中的 Fe 离子浓度。不管在 Fe 离子充足的情况下，还是 Fe 离子缺乏的情况下，*euil* 突变株嫩叶中的 Fe 离子浓度都低于野生株中的浓度。他们新的研究结果提供了有力的证据支持赤霉素是通过负调控 Fe 的运输和转运参与水稻中的策略Ⅱ来维持体内 Fe 稳态的调节。

然而，关于 GA_3 与胡萝卜中木聚糖发生关系的信息有限。用 GA_3 处理胡萝卜，研究 GA_3 对根系生长、木质部发育和木质素积累的影响[9]。结果表明，GA_3 处理剂量依赖性抑制胡萝卜根生长并使其木质部薄壁细胞壁显著增厚。此外，木质素含量在根中增加，并且木质素生物合成基因的转录物响应于应用的 GA_3 而改变。数据表明 GA_3 可能在胡萝卜根中木质部的生长和木质化中发挥重要作用。进一步的研究应集中在通过修改植物组织内的 GA_3 水平实现调节植物木质化的过程机制上。褚孝莹等通过外源 GA_3 对小黑麦的产量和产量构成因子影响的研究发现，在开花期时施用适宜浓度的 GA_3 有利于小黑麦籽粒灌浆和产量的形成，千粒重及产量得到了显著提高，其中以浓度为 20 mg/L 的 GA_3 调控效果最为显著[10]。

GA_3 是重要的调控农作物苗期生长的外源激素，能够缓解盐分对幼苗生长发育的抑制作用。Radha 等研究发现，用低水平的 GA_3（10、20 及 50 mg/L）处理甘蔗可以刺激其芽以及植株的生长，并能够增加甘蔗根的数量、根、茎和叶片的鲜重、叶面积以及茎的长度[11]。尹昌喜等的研究表明，用外源 GA_3 处理可以明显缓解一定浓度范围内的 NaCl 对水稻种子发芽和幼苗生长的胁迫作用[12]。屈海泳等发现用不同浓度的 GA_3 浸种处理洋葱种子，可以打破洋葱种子休眠，还可以促进洋葱植株的生长发育、增加洋葱的株高、加粗假茎、增加叶片数、提高产量以及提高品质[13]。另外，随着 GA_3 浓度的提高，出苗率、根系长度、株高和植株干重均出现先上升后下降的趋势，说明 GA_3 的作用具有双重性。

三、GA_1+GA_3 的应用和效果

通过改变种子吸胀阶段激素信号的水平，外源添加激素调节种子休眠和萌发状态对于人工控制种子萌发和幼苗发育具有重要的意义。李振华以烟草品种南

江 3 号的种子为材料，利用高通量测序方法对种子样本进行激素含量测定和转录组的动态、比较分析研究种子萌发的生理发育过程[14]。在此基础上，从转录代谢网络和激素平衡水平揭示了吸胀阶段 GAs 信号促进种子休眠释放和萌发以及吸胀阶段生长素（IAA）信号促进种子次生休眠和抑制萌发的作用机制。主要研究结果如下：种子萌发起始阶段 β - 1，3 葡聚糖酶（β - Glu）活性逐渐升高，在 72 小时左右达到最高值，随后又逐渐降低。脱落酸（ABA）含量在干种子中最高，在胚根突出的种子中最低，整个萌发过程中 ABA 含量呈下降趋势；而活性赤霉素（GA_1+GA_3）含量在胚乳破裂前显著升高，IAA 含量在种子萌发过程中无显著差异。烟草种子在 100 mg/L GA_3溶液中引发 24 小时后萌发胚根突出更加整齐一致。在萌发起始和胚根膨大阶段 GAs 引发处理的种子内源 GA_1+GA_3含量和 β - Glu 酶活性显著高于水引发和未引发种子。以未引发种子为对照，转录组分析结果表明，水引发与 GAs 引发种子差异表达基因在萌发时有 93.90％和胚根膨大时有 83.89％表达模式相同。结果表明，GA_1+GA_3促进种子萌发在萌发起始阶段与激素信号通路、氨基酸和谷胱甘肽代谢相关；在胚根膨大阶段和光合作用、氧化应激代谢、糖代谢、苯丙烷生物合成代谢有关。梯度浓度的 IAA 溶液与水等不同处理之间，葡聚糖酶活性和 ABA 含量无显著差异，但外源 IAA 浸泡后的种子GA_1+GA_3含量明显提高。在高浓度外源 IAA 存在的情况下，种子保持休眠；当 IAA 浓度降低时，种子又开始逐渐萌发。

植物激素在植物抗旱和高水分利用效率方面起着重要的作用。在干旱条件下，叶片中聚集了大量的 ABA，减少了气孔的开放，提高了叶片的水分利用率，以适应干旱胁迫。同时，根系产生大量的 IAA，促进根系吸收深层水分，缓解干旱胁迫。玉米素核苷（ZR）和 GA_1+GA_3 在植株各部位大量聚集，产生补偿效应，不仅提高了经济产量，也进一步阐述了不同抗旱类型小麦适应干旱的策略可能存在差异[15]。生长调节物质的变化与作物水分利用的关系需进一步探讨。

四、GA_4的应用和效果

GA_3和 GA_{20} 在 C - 3 上被 GA_3 氧化酶氧化，形成具有生物活性的 GA_4 和 GA_1。研究表明，在拟南芥中，水稻蛋白 GID1 的 3 个同源物对 GA_4的结合活性比任何其他生物活性 GAs 都要高[16]。这一发现与先前的数据很好地对应，表明

GA_4是调节植物细胞伸长和枝条生长的活性 GAs。然而，仍然没有证据表明 GA_4 在开花调控中是活性 GAs。在非诱导的短日照条件下，拟南芥开花依赖于 GAs 的生物合成。这种依赖性可以通过花分生组织特征基因 *LEAFY*(*LFY*)的 GAs 调节和 CONSTANS1 的开花时间基因抑制来解释。虽然 GA_4是拟南芥芽伸长调节中的活性 GAs，但是负责调控拟南芥开花的 GAs 的身份尚未确定。Eriksson 等将 GAs 定量和灵敏性分析结合，发现 GA_4是 GAs 中调控 *LFY* 转录和短日照下拟南芥开花时间的活跃分子[17]。在开花前不久，枝条顶端的 GA_4和蔗糖水平急剧增加，并且参与 GAs 代谢的基因的调节表明，这种增加可能是由于外源 GAs 和蔗糖向茎尖转运所致。还有研究表明，与单子叶植物黑麦草相反，在双子叶植物拟南芥中，GA_4是调控芽伸长和花发育的活性 GAs。

王长方等研究了 0.01%天丰素乳油和 15% GA_4可溶性液剂对福橘产量和品质的调控效果，结果发现，0.01%天丰素乳油和 15% GA_4可溶性液剂虽然对提高福橘坐果率、提高果形指数、增加可溶性固形物含量、增加维生素 C 含量没有显著的影响，但是对提高其成果率、增加单果质量、增加总糖含量有显著的效果[18]。使用不同浓度的 0.01%天丰素乳油和 15%的 GA_4可溶性液剂处理福橘，可以不同程度地提高福橘的成果率，其中浓度为 0.04 mg/L 的天丰素乳油使成果率提高了 10.51%，30 mg/L 和 40 mg/L 的 15% GA_4液剂分别使成果率提高了 11.29%和 18.20%，而对照植株的成果率只有 4.67%；使用浓度为 0.04 mg/L 的 0.01%天丰素乳油使福橘单果质量比对照提高了 5 g，使用 30 mg/L 和 40 mg/L 的 15% GA_4液剂处理福橘后单果质量分别提高了 7.7 g 和 10 g，增产效果比较显著。另外，使用不同浓度的 15% GA_4可溶性液剂处理福橘，会不同程度地提高其平均总糖含量，其中浓度为 30 mg/L 和 40 mg/L 的 GA_4液剂处理植株后，福橘平均总糖含量分别达到了 8.976%和 9.043%，而对照组的平均总糖含量只有 8.084%。

五、GA_7的应用和效果

在延缓衰老的农艺措施中，喷施促进型植物外源激素是有效方式。与 CTK 和 IAA 相比，GA_7具有价格便宜、效果良好、使用方法简单、毒性低等优点。施用 GA_7能使促进类激素 IAA 和 CTK 的含量增加，抑制类激素 ABA 的含量降低；显著减缓叶片衰老，增加单株绿叶数和绿叶面积；提高干物质生产，改善干物质分配。目前有研究表明，GAs 对再生稻具有增产效应，但其对稻草饲用品质的影响鲜有报道。董臣飞等研究 GAs 处理后不同收获时间稻草中非结构性碳水化合物(NSC)含量的差异发现，南粳 44 以 GA_7 处理组的稻草中 NSC 含量最高[19]。

Wickley 等指出 GA_7 可用于核果疏花，在第一年花盛开后 4～12 周内通过叶片喷洒将 GA_7 应用于核果，可以在次年实现疏花[20]。所述核果可以是桃、油桃、杏、樱桃、米拉别里李或李子、优选桃或油桃。

六、GA_4+GA_7 的应用和效果

植物激素和转录因子影响分生组织的维持和器官的生成。生长素和 CTK 在分生组织的维持中起主要作用，GAs 则促进侧部器官的形成和分化[21]。植物激素在植物生殖器官启动和发育中起到的作用也十分重要，其多态性和可塑性已在被子植物中被广泛研究。在植物激素代谢中会涉及许多基因，而这些基因会影响性别编码的蛋白质。目前已有关于在针叶树等裸子植物中性别表达控制的研究，但对锥芽发育过程中性别决定的激素机制仍知之甚少。有研究提供证据，表明施用外源植物生长调节剂(PGRs)改变了圆锥芽中植物激素的测定[22]。然而，关于影响生殖器官性别决定的内部因素的研究却很少。在长梢松的长芽芽中，锥芽发生和性别分化以位点特异性方式发生：雌性锥芽通常位于远端部分，而雄性锥芽位于近端部分。在锥芽性别测定之前，将含有 2 种赤霉素的植物生长调节剂 GA_4+GA_7 与噻苯隆(TDZ)的糊剂施用于长枝芽，可以改变其内源激素谱并诱导近端的雌性锥形芽形成，通常发生在雄性锥芽的长芽部分。在下一个春季观察到的诱导的锥形集群要么完全是雌性的，要么是雌性和雄性锥体的混合体。施用 GA_4+GA_7+TDZ 会导致内源性玉米素型细胞分裂素即反式玉米素核糖和二氢玉米素核苷的浓度增加，且相对于对照试验，其长枝芽组织中 ABA 及其分解代谢物 ABA 葡萄糖酯的浓度降低，控制在未经处理的长枝芽组织中。用外源 GA_4+GA_7 处理 4 周后，长枝芽组织中可提取的 GA_4 和 GA_7 浓度下降。这项研究表明高水平的内源性玉米素型细胞分裂素，以及应用 GA_4+GA_7+TDZ 诱导的 ABA 水平降低，与长枝芽中雌性锥形芽形成和增加正相关。

攸德伟等发现施用 GA_4+GA_7 对于葡萄形成无核果实具有很好的促进作用，对其施用不同药剂、不同处理时期及浓度状况的差异，使存在的反映具有差异

性[23]。采用GAs处理,对于提高坐果率有重要作用,特别是对于巨峰葡萄效果更为突出。对巨峰葡萄进行无核化处理操作后,果实自身不能自然地产生足够的GAs,从而最终对果实的生长起到抑制作用。

七、GA_9的应用和效果

GA_9的生物活性不如前几种类型,但也有一定促进植物生长的作用。调查欧洲赤松和(*Pinus sylvestris* L.)和白云杉[*Picea glauca*(Moench)Voss]的枝条中干细胞(叶子侧生和叶腋结构,以及存在的弧节间)的数量和长度时发现其中有GA_9在参与调控[21]。通过浸润茎尖,注射茎或喷洒叶片等方式将GA_1、GA_3、GA_4、GA_5、GA_9和GA_{20}等6种赤霉素类和吲哚-3-乙酸(IAA)和萘乙酸(NAA)2种生长素类激素等应用在新生生长芽或末梢营养芽上。GA_1、GA_3和GA_4均能促进一年生幼苗的芽伸长(即新形成的生长),GA_9的效果比前几种较弱。在GAs诱导下,植物干细胞的数量增加与增加的白云杉的芽宽度、欧洲赤松的芽长度以及枝长度有关。相反,根据施用的方法和浓度不同,施用IAA或NAA并不会影响或者抑制新生生长芽或末梢营养芽上的植物干细胞数量。在松科,GAs刺激新生生长芽的近顶端分生组织和叶芽萌芽的阶段的顶端分生组织;并且在GAs的主要生物合成中,早期的非羟化途径也是通过GA_9完成的。

第二节　其他典型植物生长调节剂的应用实例

一、氨基寡糖素的田间应用

作为生物农药的氨基寡糖素因为来源广泛,具有抗病效果良好、能够促进植物的生长和发育、改善农作物品质等优点,受到广泛关注。氨基寡糖素在预防和抗病方面具有机制多样性。它可以作为激发农作物产生自我防御的信号分子,使农作物产生与抗病相关的蛋白质、木质素等物质;氨基寡糖素也可作为农作物功能调节剂,含有氨基寡糖素的制剂能够使植物的细胞活化,促进其生长。氨基寡糖素具有不错的杀虫效果,用氨基寡糖素制剂做室内杀虫试验,结果显示,其对不同种类的昆虫都具有一定的杀虫活性。氨基寡糖素在环境中降解效果良好。

雷勇刚等就氨基寡糖素的抗病效果做了详细的田间试验,分别对棉花、甜瓜、制种西瓜、小麦、线椒、葡萄、番茄、莴笋等农作物和水果进行氨基寡糖素处理以及氨基寡糖素与普通药剂组合处理[24]。结果发现，两种处理对棉花黄萎病和立枯病、甜瓜疫霉病和白粉病、西瓜枯萎病和白粉病、小麦叶锈病、番茄灰霉病和白粉病、莴笋和葡萄霜霉病、线椒疫霉病都具有不错的抗病防控作用。但对不同作物的不同病害防治效果又有不小的差别，其中对棉花枯萎病的效果不稳定，对西瓜立枯病基本无效，对甜瓜疫霉病和番茄的灰霉病效果显著。具体抗病效果如表6－1所示。

表6－1　5%氨基寡糖素水剂及不同药剂在不同作物上的诱导抗病效果[24]

试验对象	防治对象	地点	年份	处理方法	防治效果/%
棉花	黄萎病	阿克苏	2012	氨基寡糖素 800 倍液	58.30～85.70
				氨基寡糖素＋乙蒜素	8.30～68.50
				乙蒜素	25.00～74.50
		乌苏	2013	氨基寡糖素 800 倍液	87.50
				氨基寡糖素＋乙蒜素	75.20
				乙蒜素	78.80
		沙湾	2012	氨基寡糖素 800 倍液	33.10
				氨基寡糖素＋棉枯净	41.70
				棉枯净	34.60
			2013	氨基寡糖素 800 倍液	17.40
				氨基寡糖素＋棉枯净	26.10
				棉枯净	28.30
	立枯病	玛纳斯县	2014	氨基寡糖素 1 000 倍液	38.40～47.44
甜瓜（伽师瓜）	白粉病	伽师	2012	氨基寡糖素 800 倍液	8.10
				氨基寡糖素＋乙嘧酚＋霜脲锰锌	85.40
				乙嘧酚＋霜脲锰锌	93.50
	疫霉病	伽师	2012	氨基寡糖素 800 倍液	92.90
				氨基寡糖素＋乙嘧酚＋霜脲锰锌	92.90
				乙嘧酚＋霜脲锰锌	21.40

续 表

试验对象	防治对象	地点	年份	处理方法	防治效果/%
制种西瓜	立枯病	昌吉	2012	氨基寡糖素 800 倍液	75.00
	枯萎病	昌吉	2012	氨基寡糖素 800 倍液	37.50～80.00
	白粉病	昌吉	2012	氨基寡糖素 800 倍液	100.00
小麦	叶锈病	沙湾	2013	氨基寡糖素 1 000 倍液	20.30～21.70
				粉锈宁	39.50～39.70

檀志全等就氨基寡糖素促进农作物生长进行了大量的田间试验，用 5%的氨基寡糖素浸泡晚稻种子，移栽前苗高平均为 16.75 cm，比未经处理的稻种增加 13.56%，发芽率为 90.60%，提高了 5%，促生长效果明显；用氨基寡糖素处理香蕉树，经过处理的香蕉树粗了 5.17%，叶子的数量增加了 11.30%；用氨基寡糖素处理葡萄籽，处理过的发芽率相比于没有处理过的发芽率增加 30%，开花的日期提前 4 天左右，花的长度增加 22.17%，明显促进了葡萄的生长；用 5%的氨基寡糖素处理番茄，结果表明处理过的番茄平均每株高度增加 23.87%，每株番茄的叶子数量增加 28.68%，果实数量增加 92.31%，促进生长效果明显[25]。

杨普云等用氨基寡糖素处理苹果树，结果表明处理过的苹果树新长出的枝条更短但更加粗壮，且每根枝条上的花芽数比未经处理的苹果枝条上多 30 个以上；用氨基寡糖素处理柑橘，发现能够显著提高柑橘树的成花率，使柑橘树更茂盛；用氨基寡糖素处理玉米，结果表明出苗率较未经处理的玉米提高了 7 个百分点，玉米茎更加粗[26]。

雷勇刚等用氨基寡糖素制剂处理甜瓜、哈密大枣、棉花、莴笋、线椒，发现不同程度地促进了上述作物的生长[24]。处理过的甜瓜的主蔓长度比未处理的增加了 10.8 cm，主蔓叶片的数量平均增加 1.9 片；处理过的哈密大枣比未处理过的叶子更大，叶子的颜色更绿更亮，果实更大；处理过的棉花比未处理过的棉花的株高更高，增长高度在 4.5 cm 左右；处理过的莴笋的株高也比未处理的增加 0.7～4.3 cm，平均每株莴笋的质量增加 0.42 kg；处理过的线椒的叶子颜色更绿，叶片更大。

玉米螟是我国玉米最主要的害虫，在我国广泛存在，而且生存能力强，严重影响玉米的产量。董喆等通过在赤峰玉米地的田间试验，证明了氨基寡糖素可以控制玉米虫害。用2%氨基寡糖素水剂处理当地的玉米，抽取其中的900株进行观察，施药前被害株数为691，幼虫基数为540，施药15天后被害株数为232，幼虫存活数为153[27]。说明氨基寡糖素对玉米螟有着明显的抑制作用，杀虫效果良好。

贺春娟等通过试验研究了氨基寡糖素促进桃树增产的应用效果，试验数据如表6-2所示，处理1为喷施5%的氨基寡糖素(150 mL /667 m^2)；处理2为喷施5%的氨基寡糖素(150 mL /667 m^2)+80%代森锰锌WP(80 g /667 m^2)；处理3为喷施80%代森锰锌WP(80 g /667 m^2)；处理4为清水对照组[28]。

表6-2　氨基寡糖素促进桃树增产的应用效果[28]

处理	单果直径/cm	单果质量/g	667 m^2产量/kg	折合单株产量/kg	增产率/%
1	9.02	255.34	5 008.33	45.53	7.02
2	9.00	254.55	5 007.33	45.52	6.99
3	8.68	251.36	4 822.67	44.58	3.05
4	8.10	248.42	4 680.00	42.55	0

分析试验数据可知：施用氨基寡糖素后，桃子的质量、大小和产量均比对照组高，单独使用氨基寡糖素的效果最好，产率增加7.02%。说明氨基寡糖素对桃树具有显著的增产效果。

王亚红等就氨基寡糖素诱导猕猴桃的抗逆性效果进行了大量的试验，试验数据如表6-3所示[29]。

表6-3　氨基寡糖素诱导猕猴桃抗逆性应用效果[29]

处理	花、叶受冻率/%	开花率/%	生理性叶枯病病叶率/%	日灼病病果率/%
5%氨基寡糖素水剂800倍液	2.5	98	19.2	5.5
5%氨基寡糖素水剂800倍液+杀菌剂	2.7	97	20.5	4.8
常规防治区	5.6	95	28.3	9.4
对照(喷清水)	8.2	90	41.5	12.5

使用氨基寡糖素处理的树体生长情况良好，各项生长指标显著优于其他处理

区的树体。开花率高而花叶受冻率、生理性枯病病叶率及日灼病病果率低，说明氨基寡糖素可以提高猕猴桃树抗逆性。使用了氨基寡糖素的前两组处理区的树叶颜色深绿、叶片更大，花蕾饱满，花的数量更多；而没有施用氨基寡糖素的常规防治区，其树木叶片较前两组颜色较浅、叶片稍薄；最后 1 组是清水对照组，该处理区的树木叶片较薄、颜色偏黄、较小。早春(4 月 5—7 日)是树木的现蕾期，此时温度低至 3.6℃，用 5%氨基寡糖素水剂 800 倍液处理过的树木长势良好，花蕾和新芽的发育饱满，叶片的舒展程度良好，树木因为低温而受影响的比率在 2.5%～2.7%；而未使用氨基寡糖素处理的区域树木有明显的受冻现象，树叶有明显的萎蔫现象，树木的受冻率分别为 5.6%和 8.2%。5 月 3 日时调查树木的花期，用氨基寡糖素处理过的前两组区域比后两组区域的开花日期提前 1～2 天，开出的花更加整齐，前两组的开花率为 97%～98%，比常规防治区的开花率提高 2%～3%，第 4 组处理的区域开花最晚，开花率最低，为 90%左右。在 6 月底刚结果的时候，持续高温天气，温度最高可达 38.9℃。经前两组处理区域的树木生理性的叶枯病的发病率分别为 19. 2%、20. 5%，较常规防治区和对照区的发病率明显减少，日灼病病果率分别为 5. 5%、4. 8%，较常规防治区和对照区也明显减少。在果实成熟期进行观察，经氨基寡糖素处理的前两组区域的果实颜色呈棕褐色，常规防治区的果实颜色呈绿褐色，对照区果实颜色为黄绿色。

杨普云等就氨基寡糖素促进增产效果进行了大量的田间试验，2011 年在江西用氨基寡糖素处理脐橙，结果显示，处理后的脐橙果重更重，产量更高，比未经处理的脐橙每亩增产约 509.8 kg，增幅为 16.9%。2012 年在湖南浏阳，用氨基寡糖素处理当地的豇豆，增产达 31.0%～76.0%，效果明显。在山东齐河，用氨基寡糖素处理玉米，增产 7.7%～12.2%[26]。

陆红霞等在低温条件下用氨基寡糖素处理番茄的种子，以此来研究氨基寡糖素对番茄抗寒效果的影响。实验数据表明，经过氨基寡糖素处理过的种子发芽率均比清水对照组高，其中氨基寡糖素的浓度为 100 mg/L 的番茄发芽率最高[30]。由表 6 - 4 也可以看出经过氨基寡糖素处理的组番茄的平均株高、平均根长、平均干重都高于清水对照组，其中 100 mg/L 浓度的氨基寡糖素处理的番茄效果最突出。氨基寡糖素可以明显提高番茄的抗寒性，且其效果受到浓度的影响。

表 6-4 氨基寡糖素对番茄抗寒的应用效果[30]

浓度处理/($mg \cdot L^{-1}$)	萌发率/%	平均株高/cm	平均根长/cm	平均干质量/g
0(CK)	88	3.45	5.1	0.87
25	90	3.79	6.0	0.92
50	91	3.87	6.2	1.03
100	92	3.98	6.6	1.04
200	89	3.87	6.2	1.02

二、细胞分裂素的田间应用

细胞分裂素主要有 2 种生理作用，一是促进细胞分裂和调控细胞分化；二是延缓蛋白质和叶绿素的降解，延迟细胞衰老。在组织培养中，细胞分裂素和生长素的比例会影响植物器官分化，一般细胞分裂素：生长素高时，有利于芽的分化；细胞分裂素：生长素低时，有利于根的分化。

不同细胞分裂素的活性也不同，例如在促进生长的试验中，天然的细胞分裂素如玉米素、异戊烯腺嘌呤，比人工合成的细胞分裂素如苄氨基嘌呤(BAP)和激动素(KT)的活性高，而在延缓叶绿素分解的试验中，后者的活性比前者高。

Tomkins 等对细胞分裂素对苜蓿芽和茎发育的促进作用进行了研究，结果发现，在温室和大田中，使用 KT 和 BAP 均提高了苜蓿的单株茎数、茎长、茎粗以及单株叶面积。且温室中用量为 500 μm 和 1 000 μm 时效果比100 μm的大。另外，KT 和 BAP 的效果类似，使用 1 000 μm 可以使苜蓿平均株茎数和叶面积分别增加 37%和 55%[31]。

试验发现，与对照组相比 KT 和 BAP 处理能增加牧草茎、叶和总干物质量。平均每株茎数、叶面积和牧草总量呈正相关关系(分别为 $r=0.74$ 和$r=0.94$)。KT 和 BAP 增加了 73%茎的干物质产量和 55%叶的干物质产量。在大田试验中，根和茬的产量分别比对照增加 31%和 49%，且根的干物质产量增加与叶面积的增加是同步的。但在温室中，根和茬的产量和对照产量接近，这可能是因为在温室中，随着苜蓿群体密度的减少，虽然每株茎叶、牧草总量有所增加，但每株根的产量和茬的产量在下降。

细胞分裂素可以促进非分生细胞的分生，所以在农业生产上要延迟使用。在温室条件下，使用高浓度的KT和BAP会降低粗蛋白的含量，提高耐酸纤维含量。这是因为细胞分裂素诱导茎的产量增加，且相对叶的产量增加效果更明显。这种变化会引起牧草品质的下降。由于粗蛋白含量的降低，需要用单株总干物量的增加来补偿，使用KT和BAP的结果单株粗蛋白的含量（332 mg/株）比对照的（246 mg/株）要大。在大田试验中，细胞分裂素诱导的单株茎干物量提高了87%，同叶的干物量提高76%比例相近，且结果干物质中粗蛋白含量、纤维含量都与对照相近。而且，推迟使用细胞分裂素能够增加粗蛋白的含量，减少耐酸纤维的含量，可以补偿由于使用推迟而对产量造成的影响。但是在大田中，尽管密度和使用时间不同，粗蛋白和耐酸纤维的含量都是差不多的。

三、脱落酸的田间应用

脱落酸（ABA）是一种能抑制植物生长的调节剂，因能促使叶子脱落而得名。一般认为其广泛分布于高等植物中。除了可以促进叶子脱落之外ABA还有其他作用，如促使芽进入休眠状态、促进马铃薯形成块茎等，对细胞的伸长也有抑制效果。ABA是植物五大天然生长调节剂之一。ABA可由氧化作用和结合作用被代谢。ABA的作用主要有以下几个：促进脱落、抑制生长、促进休眠、引起气孔关闭、调节种子胚的发育、增加抗逆性、影响性分化。

何忠全等研究了脱落酸·吲哚丁酸（ABA·IBA）在水稻上的应用，包括ABA对秧苗移栽后不同时期的分蘖作用以及脱落酸对水稻产量的影响[32]。分别使用浓度为33.3、50.0和100.0 mg/kg的ABA·IBA处理秧苗，其分蘖数依次比对照（只加清水）平均增加15.63%、17.25%和15.78%。ABA单剂1.0 mg/kg处理，秧苗分蘖数与对照处理的差异不明显。秧苗移栽后30天，使用上述3种浓度的ABA·IBA对其进行处理，每穴秧苗分蘖数平均为9.2、9.4和9.3苗，对照处理中每穴分蘖数平均为8.5苗。ABA·IBA的3种浓度处理下，秧苗分蘖数均显著高于对照$P<0.05$；ABA单剂处理下，秧苗分蘖数与对照之间的差异不明显，与移栽后15天的结果趋势一致。上述试验结果表明，复配制剂ABA·IBA对促进秧苗分蘖具有显著效果；3种ABA·IBA浓度处理促进秧苗分蘖的效果，均优于脱落酸单剂处理；秧苗移栽后15天和30天，3种ABA·IBA浓度处理之间秧苗分蘖

数无明显差异，即 3 种浓度促进分蘖的效果相当。

古丽加汗·克热木等研究了 ABA 对淑女红葡萄品质的影响[33]。研究表明，转色初期进行 ABA 溶液浸穗处理能提高淑女红葡萄可溶性固形物含量，降低可滴定酸含量，促进果皮中花色苷的积累，使果实不掉粒，果肉不软化不枯萎，促进葡萄成熟和品质提高。通过试验比较发现，以 200 mg/L ABA 处理的效果更有实用价值。而处理浓度为 300 mg/L 时的各指标比 200 mg/L 时略低，造成这种结果的原因和后效值得研究。晚熟品种淑女红是适合储藏储运的好品种，但其果实着色对气候的要求高，在生产过程中可利用 ABA 有效地促进淑女红葡萄果实着色，提高其外观品质。葡萄果皮中，花色苷的合成受植物内源激素 ABA 的调节，ABA 被证明是能够有效促进葡萄着色的激素类物质，而且能够提高果实品质。ABA 之所以能够促进着色，可能是由于 ABA 使果皮中可溶性糖含量增多，促进了花色苷合成酶的活化或相关基因的表达。另外，ABA 是微生物发酵产，符合生产无公害和绿色鲜食葡萄的要求。

四、海藻寡糖素的田间应用

邹纯清等研究了不同浓度海藻寡糖素对观赏向日葵生长发育的影响[34]。结果表明，浓度为 0.1%的海藻寡糖素对向日葵生长量、花径、叶绿素含量都能产生显著的促进作用，而浓度为 0.15%的海藻寡糖素仅对促进植株高度的增长效果较优。可见，对观赏向日葵喷施浓度为 0.1%的海藻寡糖素是最优选择。浓度过低时，不足以促进向日葵生长发育；浓度过高时，活性物质黏附在叶片上，甚至可能阻塞气孔，不仅没有增产效果，还会造成肥料浪费。该试验旨在提倡肥料合理利用，通过不同浓度处理找出最佳施用浓度，以期对肥料的利用达到最大的投入产出比，同时探讨观赏向日葵的叶面肥喷施技术。

安凤颖等研究了海藻寡糖素对马铃薯产量和品质的影响，通过使用海藻寡糖素 500 倍液对马铃薯进行浸种处理，研究其对马铃薯的生长、发育、产量及品质的影响[35]。海藻寡糖素处理一定程度上降低了马铃薯出芽率；经过海藻寡糖素处理使马铃薯水分、干物质、还原糖、蛋白质、淀粉、维生素 C 含量与对照相比都有了不同程度的提高。因此，在实际农业生产应用过程中，合理使用海藻寡糖素对提升马铃薯品质与产量有促进作用。

参考文献：

[1] 张晓娜，卢明华，徐林芳，等.赤霉素类植物激素分析方法研究进展[J].色谱，2015，33(8)：786—791.

[2] 申醒. 拟南芥赤霉素 20-氧化酶 3 基因在 ABA 信号转导途径中的功能分析[D]. 长春：吉林大学，2014.

[3] Macmillan J，Suter P J. Thin Layer Chromatography of the Gibberellins[J]. Nature，1963，197：790-790.

[4] 朱速松，蒋志谦，刘建昌，等.水稻不同矮源苗期对赤霉素的反应研究[J].贵州农业科学，1998(4)：6—9.

[5] 郑艳冰，党兰，丛永柱，等.吲哚乙酸与赤霉素对玉米种子萌发和幼苗生长的影响[J]. 安徽农业科学，2014(13)：3836—3838.

[6] 柴拉轩 MX，黎宁.赤霉素对植物生长和开花的影响[J]. 生物学教学，1959(7)：17—18.

[7] Wittwer SH，Bukovac MJ. The Effects of gibberellin on economic crops[J]. Economic Botany，1958，12(3)：213-255.

[8] Wang B，Wei H，Xue Z，et al. Gibberellins regulate iron deficiency-response by influencing iron transport and translocation in rice seedlings (*Oryza sativa*)[J]. Ann Botany，2017，119(6)：250.

[9] Wang G L，Que F，Xu Z S，et al. Exogenous gibberellin enhances secondary xylem development and lignification in carrot taproot[J]. Protoplasma，2016，254(2)：1-10.

[10] 褚孝莹，魏湜，李双双，等. 外源 GA_3 对小黑麦籽粒灌浆特性及产量的影响[J]. 麦类作物学报，2012，32(6)：1156—1160.

[11] Radha Jain，Singh S N，Solomon S，et al.赤霉素对甘蔗发芽和早期蔗茎生长的潜在调节作用[J]. 广西农业科学，2010，41(9)：1025—1028.

[12] 尹昌喜，汪献芳，金莉，等. 赤霉素对盐胁迫下水稻种子发芽及幼苗生长的影响[J]. 安徽农业科学，2009，37(14)：6389—6390.

[13] 屈海泳，刘连妹，王艳伶，等. 赤霉素打破洋葱种子休眠的效果及其对洋

葱生长发育的影响[J]. 江苏农业科学,2008(2):130—132.

[14] 李振华. 外源生长素和赤霉素信号调控烟草种子休眠与萌发的机理[D]. 北京:中国农业大学,2017.

[15] 董宝娣. 不同类型冬小麦高效用水生理生态特性研究[D]. 北京:中国科学院遗传与发育生物学研究所,2008.

[16] 张冬野,郭蕊,刘唐婧君,等. 拟南芥赤霉素突变体 ga4-1 和 gai-1 营养生长时相转变研究[J]. 沈阳农业大学学报,2016,47(4):399—405.

[17] Eriksson S, Böhlenius H, Moritz T, et al. GA_4 is the active gibberellin in the regulation of LEAFY and Transcription and Arabidopsis floral initiation [J]. Plant cell, 2006, 18(9):2172-2181.

[18] 王长方,游泳,陈峰,等. 天丰素、赤霉素 A4 调节福橘生长研究[J]. 江西农业大学学报,2004,26(5):759—762.

[19] 董臣飞,顾洪如,许能祥,等. 赤霉素对不同收获时间的稻草中非结构性碳水化合物含量的影响[J]. 草业学报,2015,24(8):53—64.

[20] Wickley PS, Legnard J, Benny K. A chemical agent for stone flower thinning purposes, CN 106061267 A[P]. 2016.

[21] Little C H A, MacDonald J E. Effects of exogenous gibberellin and auxin on shoot elongation and vegetative bud development in seedlings of *Pinus sylvestris* and *Picea glauca*[J]. Tree Physiol, 2003, 23(2):73-83.

[22] Kong L, Aderkas P V, Zaharia L I. Effects of Exogenously Applied gibberellins and Thidiazuron on Phytohormone Profiles of Long-Shoot Buds and cone gender determination in lodgepole pine[J]. Journal of Plant Growth Regulation, 2016, 35(1):172-182.

[23] 攸德伟,戴文漓. 赤霉素 GA_3 和赤霉素 GA_4+GA_7 在巨峰葡萄无核化的应用[J]. 现代园艺,2015(22):99.

[24] 雷勇刚,杨栋,刘敏,等.氨基寡糖素的应用效果及使用技术[J].现代农业科技,2015(2):162—164.

[25] 檀志全,覃保荣,陈丽丽,等.植物免疫诱抗剂氨基寡糖素在广西的应用效果及前景分析[J].广西植保,2017,30(1):40—41.

[26] 杨普云,李萍,王战鄂,等.植物免疫诱抗剂氨基寡糖素的应用效果与前景分析[J].中国植保导刊,2013,33(3):20—21.

[27] 董喆,郑伟,边丽梅,等.赤峰地区玉米穗期害虫发生为害特点与防治措施[J].中国植保导刊,2015,35(2):33—37.

[28] 贺春娟,薛敏云. 5%氨基寡糖素 AS 在桃树上的应用效果[J]. 山西果树,2014(3):3—5.

[29] 王亚红,赵晓琴,韩养贤,等.氨基寡糖素对猕猴桃抗逆性诱导效果研究初报[J].中国果树,2015(2):40—43.

[30] 陆红霞,张善学,等.氨基寡糖素浸种对番茄幼苗抗寒性的影响[J].湖北植保,2016(2):34—35.

[31] J.P. Tomkins, M. H. Hall,白朴.细胞分裂素对苜蓿芽和茎发育的促进[J].国外畜牧学(草原与牧草),1995(1):44—46.

[32] 何忠全,肖亮,毛建辉,等.脱落酸·吲哚丁酸在水稻上的应用研究[J].西南农业学报,2008(3):597—601.

[33] 古丽加汗·克热木,肯吉古丽·苏力旦,古丽孜叶·哈力克,等.脱落酸对淑女红葡萄品质的影响[J].现代农业科技,2016(4):136—137.

[34] 邹纯清,谢锐星,史正军.不同浓度海藻素对观赏向日葵生长发育的影响[J].北方园艺,2013(10):20—22.

[35] 安凤颖,张儒令,龙友华.海藻素对马铃薯产量品质的影响[J].农技服务,2014,31(6):113+116.

第七章 植物生长调节剂的施用方法和经济效益

第一节 植物生长调节剂的施用方法及注意事项

一、赤霉素的施用方法及注意事项

1. *施用方法*

不同赤霉素制剂的施用方法详见表 7－1 至表 7－3。

表 7－1 3%赤霉素乳油施用方法

作物	效用	用药量		施用方法
		施用浓度/（$mg \cdot kg^{-1}$）	稀释倍数	
菠菜	增加鲜重	10～25	30 000～75 000	叶面喷雾处理 1～3 次
菠萝	果实增大	40～80	9 375～18 750	喷花
菠萝	增重	40～80	9 375～18 750	喷花
柑橘树	果实增大	20～40	18 750～37 500	喷花
柑橘树	增重	20～40	18 750～37 500	喷花
花卉	提前开花	700	1 071	叶面处理涂抹花芽
绿肥	增产	10～20	37 500～75 000	喷雾
马铃薯	增产	0.5～1	750 000～1 500 000	浸薯块 10～30 min
马铃薯	苗齐	0.5～1	750 000～1 500 000	浸薯块 10～30 min
棉花	增产	10～20	37 500～75 000	点喷，点涂或喷雾
棉花	提高结铃率	10～20	37 500～75 000	点喷，点涂或喷雾
葡萄	增产	50～200	3 750～15 000	花后一周处理果实
葡萄	无核化	50～200	3 750～15 000	花后一周处理果实

续 表

作物	效用	用药量		施用方法
		施用浓度/（mg·kg^{-1}）	稀释倍数	
芹菜	增加鲜重	20～100	7 500～37 500	叶面喷雾处理1次
人参	增加发芽率	20	37 500	播前浸种15 min
水稻	制种	20～30	25 000～37 500	喷雾
水稻	增加千粒重	20～30	25 000～37 500	喷雾

表7-2　20%赤霉素可溶粉剂施用方法

作物	效用	制剂用药量	施用方法
柑橘树	调节生长	15 000～30 000倍液	全株喷雾
葡萄	调节生长	拉长果穗30 000～50 000倍液；增大果粒15 000～30 000倍液	喷雾
水稻	调节生长	每667 m^2施用20～30 g	喷雾
枣树	调节生长	15 000～45 000倍液	喷雾

表7-3　75%赤霉素结晶粉施用方法

作物	效用	稀释倍数	施用方法
瓜类（苦瓜、西瓜、丝瓜、黄瓜等）	提高坐果率，提高品质、果形端正，提早采收	8 000	盛花期、花果混生期，间隔2～3周喷1次，共喷2～3次
辣椒	提高坐果率，果形端正，肥大，肉厚	10 000～12 000	盛花期，每隔10～14天喷1次，共3～4次
香蕉	香蕉果形端正均匀、去果锈、光滑、肥大、提高品质，增产，不影响运输、储藏的品质	1 500～3 500	香蕉花蕾开花后，幼蕉抽出5～7梳混业面喷全花苞；喷1次
草莓	促进开花、结果、肥大、提早采收、增产	2 000	第一次开花时喷，间隔2～3周，共2～3次
红富士	高桩、肥大、端正果形，提高坐果率及大型果比率	800	30%主花期及幼果期各1次

续 表

作物	效用	稀释倍数	施用方法
花卉	促进花芽分化，提早并统一开花时间，提高花卉品质、提早采收，色彩较鲜艳	1 800	初见花芽时或移植后 30 天，隔 7～10 天喷 1 次
切花	延长切花寿命，提高切花品质	2 000	采收后浸泡切花基部
新红星、金冠	高桩、肥大，端正果形，提高坐果率及大型号果比率	1 000	50%及盛花期各喷 1 次
葡萄	提高坐果率并膨大果粒，提高品质	10 000	开花前 10～14 天，谢花期及药后 10 天各 1 次，共 3 次
金帅等苹果	去果锈，果粒肥大，提高坐果率	2 000	落花期及幼果期各 1 次
梨	提高坐果率，端正果形，肥大，去果锈，果皮光滑	20 000～40 000	幼果期 4～5 次，可混合奇宝 10 万倍施用
甜椒	提高坐果率，端正果形，肥大、肉厚	6 000	盛花期，每隔 10～14 天施 1 次，共 3～4 次
韭菜	增产，提高品质，色泽鲜艳	7 500	幼苗期和收割前 10 天各喷 1 次
小番茄	提高坐果率，果形美观、高桩	10 000	盛果期，每隔 10～14 天施 3～4 次
茄子	果形拉长、端正，提高坐果率	8 000	盛果期，每隔 10～14 天施 3～4 次
西红柿	提高坐果率，端正果形，预防裂果	12 000	盛果期，间隔 2～3 周，可施 3～4 次
芒果	去果锈，果粒肥大，提高坐果率	3 500	谢花期及幼果期各 1 次
四季豆	提高坐果率，肥大、提高品质，提早采收，端正果形	10 000	幼果期，间隔 2～3 周喷 1 次，可喷 2～3 次

2. 注意事项

a. 碱性物质会破坏赤霉素的结构成分，因此禁止与碱性农药混合，与酸性、中性化肥、农药都可以混合施用，其中同尿素按比例混合施用增产效果最好。

b. 施用赤霉素只有在肥水供应充分的条件下，才能发挥良好的效果，不能代替肥料。

c. 赤霉素在水中容易分解，为保持其效果，需要现配现用。喷施时要求细雾快喷，喷药后 4 小时内遇雨要重喷。

二、氨基寡糖素的施用方法及注意事项

1. 施用方法

氨基寡糖素的施用方法，详见表 7 - 4[1]。

表 7 - 4 氨基寡糖素单独施用或与其他农药混用的施用方法

作物	病害	时期	施用方法
枣树、苹果、梨等果树	枣疯病、花叶病、锈果病、炭疽病、锈病等	发病初期	用 1 000 倍 3% 氨基寡糖素喷雾，每 10～15天 1 次，连喷 2～3 次
瓜类、茄果类	病毒病、灰霉病、炭疽病等	幼苗期	用 1 000 倍 2% 氨基寡糖素复配其他防病药剂，每 10 天左右喷洒 1 次，连续喷洒 2～3 次
烟草	花叶病毒病、黑胫病等	幼苗期	用 1 000 倍 3% 氨基寡糖素复配其他防病药剂，每 10 天左右喷洒 1 次，连续喷洒 2～3 次
黄瓜、番茄	枯萎病、青枯病、根腐病	幼苗期	用 0.5% 氨基寡糖素水剂 400～600 倍液灌根，每株 200～250 ml，间隔 7～10 天，连用 2～3 次
番茄、马铃薯	晚疫病	发病初期	0.5% 氨基寡糖素水剂 190～250 ml 或 2% 氨基寡糖素水剂 50～80 ml，兑水常规喷雾，每隔 7～10 天 1 次，连喷 2～3 次
	土传病害		0.5% 氨基寡糖素水剂 8～12 ml 兑水 400～600 倍均匀喷雾。发病严重的田块，可加倍施用

2. 注意事项

a. 碱性物质会破坏氨基寡糖素的结构，因此禁止与碱性农药混合施用，除碱性性质的杀菌剂、化肥、杀虫剂等都可以与其混合施用[2]。

b. 避免持续不间断地施用，应和其他防病药剂交替施用，以防止和延缓抗药性。

c. 根据配方比例施用，不能随意改变稀释的倍数，如果有沉淀，在施用前混匀即可。

d. 喷洒后 6 小时内若下雨需要对作物进行补喷。

e. 由于在太阳下曝晒会分解，喷施时间最好于上午十点前和下午四点后。

f. 需要从作物苗期开始喷洒，防病效果会高于其他时期施用。

g. 一般作物安全间隔期为 3～7 天，每季作物最多施用 3 次。

三、细胞分裂素的施用方法及注意事项

1. 种类

目前农业生产中市场常用到的细胞分裂素有以下几种：

(1) 6-苄氨基嘌呤

别名有 N-苄基腺素、绿丹、6-BA 和 PBA 等。它的有效成分是一种人工合成的嘌呤衍生物质，称为 6-苄氨基嘌呤。其在碱性和酸性溶液中的溶解度都较高。其具有促进细胞的分裂，同时诱导组织分化等生理功能[3]，对部分蔬菜有提高发芽率、促生雌花、促坐果、延迟衰老、延长储藏期和保鲜等作用。

(2) 氯吡脲

别名吡效隆，属于苯基脲类，是一类活性较高的细胞分裂素。其主要生理作用是促进细胞分裂、器官分化、叶绿素合成、防止衰老、打破顶端优势、诱导单性结实、促坐果和果实膨大[4]。在甜瓜、西瓜、黄瓜上应用具有非常好的效果。制剂为 0.1%吡效隆醇溶液。

(3) 羟烯腺嘌呤

别名富滋，属于腺嘌呤类，是一种从天然海藻中提取出来的细胞分裂素，玉米素和激动素是羟烯腺嘌呤的主要有效成分，另外其还含有丰富的氨基酸、蛋白质和矿质元素等物质，水中溶解度高，毒性低，具有促进细胞分裂、叶绿素合成、提高抗逆性、延缓衰老、调节器官形成以及促进花芽分化等生理功能。制剂为 0.01% 富滋水剂。

(4) 烯腺嘌呤

也是腺嘌呤细胞分裂素的一种，又称为异戊烯基腺嘌呤，毒性低。主要有效成分有玉米素和异戊烯基腺嘌呤，由泾阳链霉素通过多次发酵后分离提取得到。其生

理功能同羟烯腺嘌呤相似。制剂有 0.000 1%可湿性粉剂和 0.004%可溶性粉剂。

2. 施用方法

4 种植物调节剂具体施用方法，详见表 7-5。

表 7-5　4 种细胞分裂素施用时期及方法

种类	效用	施用时期	施用方法
6-苄氨基嘌呤	延缓衰老及保鲜	芹菜收获前	用 5～10 mg/kg 的药液，全株喷洒
		甘蓝收获前	用 30 mg/kg 的药液，全田喷洒
	促生雌花	秋黄瓜幼苗 2 叶期	用 15 mg/kg 的药液，液面喷雾
	提高发芽率	在夏秋高温季节种植莴笋	用 100 mg/kg 的药液，浸泡种 3 min
	促进瓜条生长	黄瓜雌花开后	用 500～1 000 mg/kg 的药液喷洒小瓜
氯吡脲	促进细胞分裂	黄瓜花期遇低温阴雨光照不足时	用 50 mL 0.1%吡效隆醇溶液兑水 1 kg，涂抹瓜柄
	促进坐果	西瓜开花前后	用 30～50 mg/kg 的药液，涂抹瓜柄或喷雾于授粉后雌花子房上
羟烯腺嘌呤	刺激细胞分裂调节器官形成	番茄定植前 7 天，定植后每隔 14 天	每小时每 m^2 用水剂 1 200～1 500 mL 0.01%富滋水剂，兑水 600 L 稀释后，分别液面喷雾，共 3 次
烯腺嘌呤	刺激细胞分裂调节器官形成	番茄从 4 叶期起	用 400～500 倍 0.000 1%可湿性粉剂兑水稀释液喷洒植株，每隔 7～10 天喷 1 次，连喷 3 次[5]
		茄子定植后 1 个月起	用 600 倍 0.000 1%可湿性粉剂兑水稀释液喷洒植株，每隔 7～10 天喷 1 次，连喷 2～3 次
		大白菜播种前	用 50 倍 0.000 1%可湿性粉剂兑水稀释液浸泡种子 8～12 小时后，晾干播种
		大白菜定苗后	用 400～500 倍 0.000 1%可湿性粉剂兑水稀释液喷洒，每隔 7～10 天喷 1 次，连喷 2～3 次

3. 注意事项

细胞分裂素通常在谢花前后施用比较适宜，如果细胞分裂素能够与钙元素进行配合施用，是降低柑橘类果实裂果率相对有效的一种措施。在植株早期添加钙元素，能够让钙元素与果胶结形成果胶钙，可以提高果皮的韧性；实时对树体的养分进行补充，也能够提高叶片的光合产能量，提高向果实输送有机养分，从而使树势或果实不会因为养分不够而早衰导致落果、落叶和裂果；另外，在花芽分化的后期，也就是花蕾抽出前约 15 天，可以喷洒 1～2 次综合营养型的细胞分裂素，以促进现蕾。

细胞分裂素具有许多优良特点，如效果稳定、施用安全可靠、作用效果好等优点。我国在农业种植上已经累计推广施用面积超过数百万公顷。实践发现，植物细胞分裂素对玉米、水稻、蔬菜（包括番茄、黄瓜、韭菜、芹菜、辣椒等）、水果（包括西瓜、苹果、葡萄、梨）、棉花、各种花卉、中药材、芦荟等均有显著的增产和防病虫害的效果。

四、脱落酸的施用方法及注意事项

1. 施用方法

脱落酸的施用方法见表 7－6。

表 7－6　常用脱落酸施用时期及方法

制剂	施用时期	施用方法	效用
0.1%浓度 S-诱抗素水剂	春梢萌动期	稀释 750～1 000 倍均匀喷雾	促进春梢萌发，健壮植株，提升果树对病虫害抵抗能力，预防倒春寒
	花蕾露白期	稀释 750～1 000 倍均匀喷雾	提升花蕾质量，减少畸形花，花多花壮
	第一次生理落果期	稀释 750～1 000 倍＋920 均匀喷雾，每 10～15 天 1 次，连续施用 2 次	提升保果效果，减少生理落果，加快幼果转绿，加速春梢老熟
	秋梢抽梢至老熟期	稀释 750～1 000 倍均匀喷雾，每 10～15 天 1 次，连续施用 2 次	加速秋梢老熟，提高秋梢质量，促进花芽分化
	幼果期至果实膨大期	稀释 750～1 000 倍＋920 均匀喷雾，每 7～10 天 1 次，连续施用 2 次	预防落果，膨大果实，提升树势
	果实转色期	稀释 75 倍均匀喷雾，每 10～15 天 1 次，连续施用 2～3 次	加速转色，提升上市，表光好，增甜降酸，耐储运
	采收后	稀释 750～1 000 倍均匀喷雾	促进花芽分化，预防冻害，提升树势，避免大小年

2. 注意事项

a. 脱落酸是强光分解化合物，要注意避光贮存。所以在配制溶液时，操作过程应注意避光。

b. 可在 0～30 ℃的水温中缓慢溶解(可用极少量的乙醇溶解)。施药 1 次,药效可持续 7～15 天。

c. 田间施用时,为避免强光分解降低药效,应在早晨和傍晚施药,施药后 12 小时内遇雨需补施 1 次。

第二节 我国植物生长调节剂的经济效益

一、发展历程

在 20 世纪 50 年代,我国的植物生理学家开始探索植物生长调节剂的应用,最初是促进无籽果实、促进扦插生根等几个方面的研究。同时逐渐开展吲哚乙酸(IAA)、二氯苯氧乙酸(2,4-D)、萘乙酸(NAA)等小规模的生产示范,其中在防止苹果采前落果、番茄与茄子落花、棉花落铃等方面获得了有效的应用和推广。

到 1963 年,我国成功地合成了矮壮素(CCC),且在抑制棉花徒长和预防小麦倒伏方面取得有效收获;在 1971 年,顺利合成乙烯利,并对其展开了广泛的研究;到了 1980 年后,甲哌鎓的出现造就了我国棉花种植技术领域史上的最大变革,它可以完全取代矮壮素(CCC)成为棉花栽培上用于延缓营养生长、缩小节间距离、塑造株型、提高结铃率的首屈一指的生长延缓剂。

自 20 世纪末以来,我国的植物生长调节剂进入了产品的研制开发和适用领域推广并行的发展阶段。比如对赤霉酸(GA_3)、乙烯(ETH)、甲哌鎓、多效唑(PP333)等产品的深入研发,获得了庞大的经济效益和社会效益。其中 PP333 被广泛地运用在水稻、果树和园艺等领域,同时还具有油菜壮秧、提高秧苗抗寒等能力,每年施用面积超出 6.67×10^6 hm^2,节减稻种 1.5×10^8 kg,稻谷产量增加 3.85×10^9 kg;油菜籽增收 3.4×10^8 kg,年产值净增加 25.08 亿元,经济效益十分明显。

二、登记情况

根据统计资料显示,现今在我国获得登记的农药产品中,除草剂有 9 092 个,占农药登记总数的 27.93%;杀菌剂有 9 489 个,占农药登记总数的 29.14%;杀虫剂有 13 108 个,占农药登记总数的 40.26%;植物生长调节剂产品登记总数有 868 个,仅仅占农药登记总数的 2.67%[6]。获得登记的植物生长调节剂中,有 46 种有效成分，但登记产品数量总共却只有 868 个，其中以常规品种登记的占多数，包括乙烯利（ETH）有 112 个，GAs 有 81 个，PP333 有 79 个，甲哌鎓有 64 个，萘乙酸（NAA）有 42 个，CCC 有 33 个，复硝酚钠有 20 个，S-诱抗素有 18 个，分别占植物生长调节剂登记总数的 12.90％、9.33％、9.10％、7.37％、4.84％、3.80％、2.30％、2.07％。当前只是这 8 个品种的登记产品总数就已经占据植物生长调节剂产品登记总数的 51.73％。

另外这 8 种植物生长调节剂登记的施用作物总共有 37 种，其中水果有 12 种、农作物有 12 种、蔬菜有 7 种、其他有 6 种。水果共登记了 245 个产品，其中葡萄种类最多，有 52 个，占水果登记总数的 21.22％；第二是柑橘，有 41 个，占水果登记总数的 16.73％；第三是苹果，有 30 个，占水果登记总数的 12.24％；第四是香蕉，有 29 个，占水果登记总数的 11.84％；最后是菠萝，有 25 个，占水果登记总数的 10.20％。

农作物产品登记总数为 315 个，其中以棉花最多，有 125 个，占农作物登记总数的 39.68％；第二是水稻，有 111 个，占总数的 35.24％；其余的例如小麦、玉米、油菜、花生等农作物登记数均少于 30 个。

蔬菜产品共登记总数为 174 个，其中以番茄最多，有 48 个，占蔬菜登记总数的 27.59％；其次是芹菜，有 32 个，占蔬菜登记总数的 18.39％；再次是菠菜，有 26 个，占总数的 14.94％；接着是黄瓜和马铃薯，都是 25 个，均占总数的 14.37％；最后是白菜，有 13 个，占总数的 7.47％。其余的 5 种蔬菜包括大蒜、姜、辣椒、菜心、茄子，均登记了 1 个产品。

其他施用的 6 种作物中产品共登记数量为 128 个，其中橡胶树和烟草登记产品均为 25 个，花卉、绿肥和人参登记产品均为 24 个，茶叶登记产品有 4 个，杨树登记产品有 2 个。在登记作物方面，主要是我国传统的大宗水果、农作物、蔬菜，其他小类别作物登记的产品不多。

现今我国植物生长调节剂的登记产品主要集中应用在小麦、大豆、玉米、水稻和一些种植面积较大的果树等大宗作物上，而一些以前栽培面积比较小，分布局限的小宗作物（如芝麻、芋头、南瓜、向日葵、高粱、杨梅、花椒、莲雾、草坪植物、花卉、苗木和中草药类植物等）登记较少。

三、经济效益

至2019年5月末，我国植物生长调节剂生产企业共有354家，有效登记的植物生长调节剂产品有894个，年生产应用面积约20亿亩，年生产销售约1.8×10^4 t，销售制剂约20亿元，出口总额超过1亿美元。我国在植物生长调节剂领域已经打造出一条从原料供给、研发、生产、营销到推广应用的完整产业链。但是同其他传统农药相比所占比例很小，仍有巨大的发展前景。在自主创新、应用指导、科学宣传、监督管理等方面依然还有许多问题亟待解决。

从销售量来看，2010—2018年，我国植物生长调节剂的销售情况基本维持稳定，年平均销售量约为3 650.38 t。从2010年开始销售量逐年提高，2014年突破4 000 t，之后有所回落，这是因为当时我国农药市场受到全球农药市场的影响，研发成本增加，登记周期变长，登记资料要求越来越严格等。不过在农业供应改革和百姓农产品消费升级的情况下，未来五年我国植物生长调节剂市场发展趋势愈发明朗，预测在2020年制剂销售量将会突破6 000 t。

但是与国际市场相比，我国植物生长调节剂的销售量在整个农药市场中所占的比例仍然较低[7]。在国际市场上，植物生长调节剂的市场销售量通常只达到农药市场总量的4%～5%，植物生长调节剂的销售量依然有上升空间。为了提高植物生长调节剂的销售量，应对企业生产进行大力改革，首先要逐渐向原药和制剂的多元化发展，其次是技术服务要到位，再次是要依据作物的完整生育期的需求来谋划产品，最后是向大规模的现代化、集约化大型企业的目标迈进，最终提高国际竞争力。

植物生长调节剂市场在全球的销售情况十分乐观，2006年调节剂的销售额为6.35亿美元，2016年达15.36亿美元，近十年的销售额平均增长率达到14%以上，远超过传统农药的销售增长率。另外，我国在确保农产品质量和生态环境安全的同时，国家“十三五”农业方面制定了新的绿色发展计划，农业部门将竭力促进推行“农药减量”计划，对植物生长调节剂市场来说，新的发展机会即将到来，2020年增长比例有望突破20%。

参考文献：

[1] 王迪轩. 蔬菜常用杀菌剂:氨基寡糖素的使用与注意事项[J]. 农药市场信息,2014(26):46.

[2] 蔡继红. 植物生长调节剂在马铃薯上的安全施用技术[J]. 河北农业,2017(3):29—30.

[3] 位劼. 植物生长调节剂对油松种子萌发的影响[J]. 防护林科技,2018(2):33—34.

[4] 石瑜,王敬民,叶红霞,等. CPPU 对网纹甜瓜果实生长发育和品质的影响[J]. 植物生理学报,2017,53(12):2229—2234.

[5] 颜耀东. 薹干高产栽培技术探讨[J]. 园艺与种苗,2014(6):15—17.

[6] 周欣欣,张宏军,白孟卿,等. 植物生长调节剂产业发展现状及前景[J]. 农药科学与管理,2017(11):23—28.

[7] 张宏军,张佳,李富根,等. 植物生长调节剂最新登记情况分析[J]. 农药科学与管理,2017,38(3):14—22.